DER
VERBAND DEUTSCHER ELEKTROTECHNIKER

1893–1918

Springer-Verlag Berlin Heidelberg GmbH 1918

ISBN 978-3-662-42242-7   ISBN 978-3-662-42511-4 (eBook)
DOI 10.1007/978-3-662-42511-4
Verlagsbuchhandlung Julius Springer in Berlin W 9.

Der nachstehende Bericht über die ersten 25 Jahre der Tätigkeit des Verbandes ist zusammengestellt auf Grund der vorliegenden Akten. Mit Rücksicht auf den augenblicklichen Mangel an Arbeitskräften und die Papierknappheit mußte der Umfang des Buches nach Möglichkeit beschränkt werden, so daß lediglich über die wichtigsten Arbeiten und ihre Ergebnisse berichtet werden konnte.

Beigefügt sind die Bildnisse der bisherigen Vorsitzenden, der Ehrenmitglieder sowie des früheren und jetzigen Generalsekretärs.

Mai 1918.   Verband Deutscher Elektrotechniker.

Inhalt.

A. Slaby †
Vorsitzender 1893—1896

I. Gründung des Verbandes.

Mit der genialen Schöpfung der Dynamomaschine erschloß Werner Siemens im Jahre 1866 den Weg, der, über die Grenzen der bis dahin allein entwickelten Schwachstromtechnik hinausgehend, zur allgemeinen Verwendung der Elektrizität führte, wie sie uns heute gewohnt und unentbehrlich geworden ist.

Mit einer beispiellosen Schnelligkeit entwickelte sich danach die Elektrotechnik zu einem selbständigen Gebiete wissenschaftlicher und technisch-industrieller Tätigkeit, dem bald eine große Zahl von Ingenieuren mit besonderen Fachkenntnissen ihre ganze Berufsarbeit widmete.

Das Bedürfnis nach regem Gedankenaustausch über all das Neue, das diese Kreise in ihrer Arbeit zu klären und zu gestalten hatten, die Notwendigkeit, dem Inhalte und der Bedeutung ihres Faches nach außen hin Geltung und Anerkennung zu verschaffen, führte verhältnismäßig bald zum Zusammenschluß der Fachgenossen in elektrotechnischen Vereinen, die sich zunächst an einzelnen größeren Orten bildeten. So wurde 1879 in Berlin der Elektrotechnische Verein, 1881 die Elektrotechnische Gesellschaft in Frankfurt a. M. gegründet. Gelegentliche Bemühungen, diese Bestrebungen in einer einheitlichen Organisation zusammenzufassen, hatten anfangs kein Ergebnis; die in so vieler Beziehung ausschlaggebende und richtungweisende internationale elektrotechnische Ausstellung in Frankfurt a. M. im Spätsommer 1891, die als Schöpfung des dortigen Kommunalfachmannes Sonnemann deutschen „Städten Gelegenheit geben sollte, Anschauung und Klarheit zu gewinnen" im „Kampf der Systeme" der elektrischen Kraftübertragung — wobei „der Sozialpolitiker von einer rationellen Fachausstellung sich einen günstigen, belebenden Einfluß auf die allgemeine industrielle Entwicklung Deutschlands versprach" —, gab auch hierin eine entscheidende Anregung. Folgender Antrag ging damals den „deutschen Mitgliedern des Internationalen Elektrotechniker-Kongresses" zu:

„Die Unterzeichneten beantragen die Bildung eines allgemeinen deutschen Elektrotechnikertages, welcher nach Art anderer Wanderversammlungen periodisch in einer jeweils zu bestimmenden Stadt zusammentritt und als Vorort für das nächste Jahr Frankfurt a. M. wählt. Zur Beratung dieses Antrages laden die Unterzeichneten zu einer Sitzung auf Sonntag, den 13. September 1891, morgens 9 Uhr, im großen Nebensaal der Ausstellungsrestauration ein[1]).

J. Berliner. H. Bissinger, Baurat. Engelhardt. Dr. J. Epstein. Eugen Hartmann. F. Haßlacher. O. Hentig. Theodor Hesse. Dr. C. Hoepfner. F. Holthof. Prof. Dr. Kittler. Wilh. Köster. Prof. W. Kohlrausch.

---

[1]) Die Sitzung fand unter großer Teilnahme statt. Von den Versammelten wurden die Herren Dr. Epstein, Eugen Hartmann, Prof. Kohlrausch, Baurat Lindley und Theodor Trier beauftragt, Satzungen zu entwerfen und in geeigneter Weise den deutschen Elektrotechnikern zur Vorlage zu bringen.

Dr. B. Lepsius.   W. H. Lindley, Baurat.   Dr. O. May.   O. Schaeffner, S. Schuckert, Kom.-Rat. Dr. E. Sieg. Sonnemann. Theodor Trier. F. Uppenborn. Prof. Dr. A. Voller. Dr. R. Wirth. J. Wurmbach, Kom.-Rat.

Ein Erfolg war diesem Vorschlage noch nicht beschieden; zur Tat reifte der Gedanke erst, als auf Grund einer regen Werbetätigkeit Arthur Wilkes eine Anzahl von Elektrotechnikern in Berlin sich im Oktober 1892 erneut zu einem Komitee zusammenschloß und mit folgendem Rundschreiben an die Fachkreise wandte:

"Berlin, im Oktober 1892.

Entsprechend der wachsenden Bedeutung der Elektrotechnik und ihrer Ausbreitung auf fast alle Gebiete der staatlichen, kommunalen und privaten Industrie besitzt Deutschland, vielleicht mehr als irgendein anderes Land, eine stattliche Zahl wissenschaftlich gebildeter Elektrotechniker.

Trotzdem sind alle erfüllt von dem Bewußtsein, daß die Geltung und Beachtung, welche unserem Stande in wissenschaftlichen und öffentlichen Fragen bisher zuteil geworden ist, dem Umfang und der Bedeutung unseres Faches nicht entspricht.

Zwar haben sich in zahlreichen Städten des Vaterlandes Vereine gebildet, deren Begründung auf diesen Umstand zurückzuführen ist, und deren ersprießliche Wirksamkeit in keiner Weise geleugnet werden soll.

Die Unterzeichneten, welche keinen dieser Vereine als solchen vertreten, glauben jedoch gerade hierin eine Gefahr zu erblicken, wenn die hervorragendsten Vertreter unseres Faches ihre Kräfte in Sonderbestrebungen zersplittern.

Nur in der zielbewußten Vereinigung unserer geistigen Mittel können wir hoffen, nachhaltig für die Förderung unserer Wissenschaft, eindrucksvoll für die erfolgreiche Vertretung unserer Interessen zu wirken.

Sollten Sie dieser Anschauung zustimmen, so laden wir Sie hierdurch freundlichst ein, an einer im Monat November oder Dezember d. J. in Berlin stattfindenden Besprechung teilzunehmen.

Näheres über Art und Zeit der Zusammenkunft wird der mitunterzeichnete Prof. Slaby angeben, sobald eine genügende Zahl von Teilnehmern gemeldet ist.

Hochachtungsvoll

Prof. Dr. Dietrich, Stuttgart.   Prof. Dr. Kittler, Geh. Hofrat, Darmstadt. O. Kummer, Dresden. Leitgebel, Dir. d. st. E.-W. Breslau. O. v. Miller, München. v. Oechelhäuser, Dessau. Direktor Roß, Köln. Wilh. v. Siemens, Berlin. Geh. Oberbaurat Stambke, Berlin. Prof. Dr. Voit, München. Direktor Jolly, Cöln. Prof. Dr. Kohlrausch, Hannover. W. Lahmeyer, Frankfurt a. M. Stadtbaurat Lindley, Frankfurt a. M. Direktor Müller, Hagen. E. Rathenau, Berlin. Komm.-Rat Schuckert, Nürnberg. Prof. Dr. Slaby, Reg.-Rat, Charlottenburg. Chefredakteur Uppenborn, Berlin. Baurat Wächter, Berlin. Arthur Wilke, Ingenieur, Berlin."

Diese Anregung fiel auf fruchtbaren Boden; Ende November 1892 wurde, nachdem die damals in Deutschland vorhandenen elektrotechnischen Vereine sich mit dem Vorschlage zu ihrem Zusammenschluß einverstanden erklärt hatten, von Adolf Slaby namens des vorbereitenden Komitees zu einer Versammlung für die Tage vom 9. bis 11. Dezember 1892 nach Berlin eingeladen; infolge des

Todes Werner v. Siemens' am 6. Dezember dieses Jahres wurde die Konferenz auf den 20. bis 22. Januar 1893 verschoben. Dieser Zusammenkunft der deutschen Elektrotechniker, die durch gastlichen Empfang der Teilnehmer bei Rathenau und bei Slaby ein festliches Gepräge erhielt, war volles Gelingen beschieden[1]. Die Versammlungen, die im Kaiserhof in Berlin stattfanden, klärten die Ansichten über die für den Verband zweckmäßigste Organisation vollständig, so daß die Hauptfrage, ob der Verband ein Verband von Personen oder von Vereinen sein sollte, mit Stimmeneinheit in ersterem Sinne entschieden wurde. Das Gründungsprotokoll wurde genehmigt und ein vorläufiger Vorstand, bestehend aus A. Slaby, W. v. Siemens, E. Rathenau, F. Roß und E. Hartmann, mit der Amtsdauer bis zum 1. Oktober 1893 gewählt. Als Name für die neue Organisation wurde gewählt: „Verband der Elektrotechniker Deutschlands“, was später in „Verband Deutscher Elektrotechniker“ (V. D. E.) umgeändert wurde; als sein Zweck und Ziel wurde verkündet: „Wahrung und Förderung derjenigen Interessen, welche das Gebiet des Wirtschaftslebens, der Gesetzgebung, der inneren Organisation der elektrotechnischen Industrie betreffen“. Das Gründungsprotokoll haben nachstehende Herren unterschrieben:

Budde, Buschkiel, Corsepius, Donath, Hartmann, Heim, Ilgner, Jolly, Jordan, Krebs, Krieg, Kummer, Lahmeyer, Lindner, Luhn, Markgraf, Maß, v. Miller, Müller, Naglo, Nordmann, Pollak, Rathenau, Rohrbeck, Roß, Salomon, v. Siemens (Wilhelm), Slaby, Sluzewsky, Stambke, Umbreit, Uppenborn, Voit, Wächter, Werner, Wilke, Wilking.

Schon in der ersten Sitzung des neuen Verbandes wurde mit der sachlichen Arbeit begonnen und durch einstimmigen Beschluß Vorstand und Ausschuß beauftragt, in bezug auf den in Aussicht stehenden Elektrizitäts-Gesetzentwurf geeignete Schritte zu tun und darüber zu berichten. Für dasselbe Jahr wurde außerdem noch beschlossen, eine Jahresversammlung in Köln abzuhalten. Sie fand in den Tagen vom 28. bis 30. September 1893 statt. In der Eröffnungsrede derselben kennzeichnete Slaby Ziele und Aufgaben des neuen Verbandes:

„Ein großer Teil der gebildeten Kreise steht heute der Elektrotechnik nicht mehr als reiner Laie gegenüber. Häufig hat der Fachmann Gelegenheit, besonders bei staatlichen und städtischen Behörden Einsicht und sachgemäßes Urteil kennen und schätzen zu lernen. Und doch fehlte bis jetzt jenen großen, häufig zur Zusammenarbeit berufenen Gruppen, den eigentlichen Fachmännern und den sachverständigen Vertretern der staatlichen und kommunalen Verbände, ein gemeinsames, festeres Band, ein Sammelpunkt, ein Forum, vor dem sie ihre Ansichten austauschen, ihre Anschauungen klären und in Anknüpfung persönlicher Beziehungen gemeinsame Interessen pflegen konnten.

Diesen Vereinigungspunkt zu bilden, ist das Ziel unseres Verbandes.

Obenan steht uns die Wissenschaft; die Liebe zu ihr soll der Leitstern sein, dem unverbrüchlich zu folgen wir uns geloben. Ihren Fortschritt zu beleben, ihre Verbreitung und Vertiefung zu fördern, soll und wird unsere schönste und edelste Aufgabe sein. Doch auch ein Schutz- und Trutzbündnis ist unser Verband. Einstehen wollen wir für die Wahrung und Würde und Bedeutung unserer nationalen Elektrotechnik.“

---

[1] Nach dem Bericht über die Gründungsversammlung in der ETZ 1893, Heft 5, S. 68.

II. Allgemeine Entwicklung.

Entsprechend diesem von Slaby verkündeten Programm, das getreulich innegehalten wurde, entwickelte sich der Verband bald zur berufenen Vertretung der deutschen Elektrotechnik; ihre Entwicklung spiegelt sich in der Geschichte des Verbandes in den vergangenen 25 Jahren wieder.

Ganz allgemein und in großen Umrissen gesehen, lassen sich bisher ungefähr drei Perioden unterscheiden.

Den endgültigen äußeren Anstoß zur Gründung hatten die mit der Frankfurter Ausstellung verknüpften Fragen des Ausbaues der städtischen Elektrizitätsversorgung gegeben; dementsprechend stehen ungefähr in den ersten 6 bis 7 Jahren die Arbeiten des Verbandes mit den allgemeinen Aufgaben, die der Verbreitung und Entwicklung des Zentralenbaues und der Versorgung in sich geschlossener kleinerer Gebiete entsprachen, in Zusammenhang. Die ersten Entwürfe der Errichtungs- und Betriebsvorschriften sowie die Fragen des Zusammenhanges mit gesetzlichen Maßnahmen bilden zunächst den Hauptinhalt der Verbandstätigkeit. Gegen Ende des Jahrhunderts bis zum Abschluß des ersten Jahrfünfts im neuen Jahrhundert folgt dann eine Periode, in der die Arbeiten sich mehr den Einzelheiten, die für die Elektrizitätsanlagen wichtig sind, zuwandten. Es ist der Zeitraum, in dem die Maschinennormalien und andere Normalien und Vorschriften, welche die technischen und theoretischen Eigenschaften der einzelnen Verbrauchsgegenstände berühren, entstanden. Nachdem in diesen Jahren in der stillen Arbeit der Laboratorien und Konstruktionsbureaus die notwendigen Bestandteile für eine neue weitergreifende technische Entwicklung geschaffen waren, begann dann mit der Aufstellung der ersten großen Turbinen die Zeit der Hochspannungsbauten, der Überlandzentralen. Im Jahre 1905 konnte der Vorsitzende auf der Jahresversammlung den Bau der Urfttalzentrale als erstes Beispiel einer Anwendung von über 30 000 Volt erwähnen. Dieser äußeren Entwicklung entsprechend wendete sich die Arbeit des Verbandes der notwendigen Änderung und Ausgestaltung der Errichtungsvorschriften, Freileitungsnormalien und anderen durch die praktischen Fortschritte der Technik bedingten Arbeiten zu.

Den engen Zusammenhang des Verbandslebens und der Verbandsarbeit mit der allgemeinen elektrotechnischen Entwicklung zeigen am deutlichsten die einleitenden Reden, in denen die Vorsitzenden auf den Jahresversammlungen zusammenfassend über die im Laufe des Jahres bemerkbar gewesenen wichtigsten Vorgänge auf dem Gebiete der Elektrotechnik berichtet haben. In diesen Übersichten spiegelt sich auch am lebendigsten der unmittelbare und während des Bestehens des Verbandes in ungeahnter Weise gesteigerte Zusammenhang der Elektrotechnik mit dem allgemeinen Leben der Völker und mit den bedeutendsten wirtschaftlichen und politischen Vorgängen der Zeit. Es war z. B. von besonderer Bedeutung, daß die Beteiligung der Elektro-Industrie an der Berliner Gewerbeausstellung im Jahre 1896 und an der Pariser Weltausstellung 1900 durch den

Verband in die Wege geleitet und verkörpert wurde. Heute, da die Elektrotechnik im höchsten Maße an der Schaffung und Bereitstellung der für Deutschlands Daseinskampf erforderlichen Waffen aller Art beteiligt und in ihrer Verbreitung unerläßliche Voraussetzung hierfür ist, ist es von Reiz, zu sehen, daß im Jahre 1904 auf der Versammlung zu Kassel der Vorsitzende in einem Überblick über die Entwicklung der letzten 50 Jahre bereits darauf hinweisen konnte, daß in Ostasien im Kampfe zwischen Rußland und Japan zum ersten Male die Elektrotechnik als Hilfsmittel im Kriege in die Erscheinung trete. In einem kurzen Rückblick auf die vor mehr als 50 Jahren erfolgten Laboratoriumsversuche von Gauß und Weber zur Schaffung des Telegraphen und die vor 25 Jahren als Ereignis gefeierte Vorführung der kleinen elektrischen Ausstellungsbahn durch Werner Siemens konnte der Vorsitzende damals mit berechtigtem Stolz darauf hinweisen, daß die Zahl der Elektrizitätswerke in Deutschland bereits auf 1000 und ihre Leistung auf insgesamt 500000 Kilowatt gestiegen sei. Seit diesem Tage aber hat sich die Leistung der öffentlichen Elektrizitätswerke in Deutschland ungefähr verzehnfacht; außer ihnen besteht eine ungeheure Anzahl Einzelanlagen, deren größte an Leistung und Abgabe den großen öffentlichen Elektrizitätswerken gleich sind, und die Anwendung der Elektrizität ist in Stadt und Land, in Industrie, Gewerbe und Landwirtschaft und Haushalt eine so unbedingte Notwendigkeit und alltägliche Selbstverständlichkeit geworden, daß die Aufrechterhaltung der Elektrizitätswerke heute eine der Voraussetzungen für die Durchführung des Krieges ist. Diese vollständige Verknüpfung mit dem gesamten Dasein und insbesondere dem wirtschaftlichen und technischen Schaffen der Nation, die Sicherheit der allgemeinen Versorgung, das Verständnis und die Anteilnahme der staatlichen und städtischen Behörden für das bereits Geschaffene wie für die täglich sich neu entwickelnden Aufgaben, — all dies ist zum guten Teil ein Ergebnis der Arbeiten des Verbandes.

Die innere Entwicklung des Verbandes entsprach den äußeren Anforderungen, welche durch die Erfüllung der einmal gesetzten Aufgabe bedingt waren. Daß die Gründer von vornherein das Richtige mit der gewählten Organisation trafen, ist bewiesen durch die Tatsache, daß die in den ersten Satzungen gegebenen Grundlagen im wesentlichen unverändert fortbestehen und sich auch in dem erweiterten Rahmen und für die gesteigerten Leistungen bewähren. Es ist kennzeichnend für den richtigen Blick, mit dem Art und Wesen der Arbeiten beurteilt wurden, daß die Form der sachlichen Behandlung der einzelnen Aufgaben in den Kommissionen von Anfang an beibehalten worden ist.

Die Gliederung des Verbandes in seinen einzelnen Teilen, das Verhältnis der beteiligten Vereine untereinander, die Zusammensetzung des Ausschusses, die Aufbringung der erforderlichen Geldmittel usw. mußte natürlich von Zeit zu Zeit den veränderten Bedingungen angepaßt, den steigenden Aufgaben entsprechend entwickelt werden. Während der ersten Jahre — bis 1899 — mußte sich die auf die Satzungen der Gründungsversammlung aufgebaute Organisation befestigen; am Ende dieser Zeitspanne gehörten dem Verbande acht elektrotechnische Vereinigungen Deutschlands an:

Elektrotechnischer Verein,
Cölner Elektrotechnische Gesellschaft,
Dresdner Elektrotechnischer Verein,
Frankfurter Elektrotechnische Gesellschaft,

Hannoverscher Elektrotechnischer Verein,
Leipziger Elektrotechnische Gesellschaft,
Leipziger Elektrotechnischer Verein,
Münchener Elektrotechnischer Verein.

Durch eine Neuordnung, die von 1899 ab den Zusammenschluß der einzelnen Vereine enger gestaltete, bewirkte man einen kräftigen Aufschwung des Verbandes, eine bleibende Steigerung seiner Tätigkeit und seines Einflusses. Eine zweite Änderung paßte im Jahre 1908 die Satzungen in manchen allmählich veralteten Zügen den neuen Bedürfnissen an, die durch die Ausgestaltung des Vereinslebens und die Erweiterung der Aufgaben inzwischen entstanden waren, und sicherte die Grundlagen für ein weiteres Wachstum. Zur Zeit umfaßt der Verband nachstehende zweiundzwanzig Vereinigungen:

Elektrotechnischer Verein,
Elektrotechnischer Verein zu Aachen,
Elektrotechnischer Verein Breslau,
Elektrotechnische Gesellschaft zu Cöln a. Rh.,
Dresdner Elektrotechnischer Verein,
Elektrotechnische Gesellschaft in Frankfurt a. M.,
Elektrotechnischer Verein Hamburg,
Elektrotechnische Gesellschaft Hannover,
Hessische Elektrotechnische Gesellschaft (Darmstadt),
Elektrotechnische Vereinigung zu Leipzig,
Elektrotechnische Gesellschaft Magdeburg,
Elektrotechnischer Verein Mannheim-Ludwigshafen,
Elektrotechnischer Verein München,
Elektrotechnischer Verein am Niederrhein (Crefeld),
Elektrotechnische Gesellschaft zu Nürnberg,
Oberrheinischer Elektrotechnischer Verein (Karlsruhe),
Oberschlesischer Elektrotechnischer Verein (Kattowitz),
Elektrotechnischer Verein des Rheinisch-Westfälischen Industrie-Bezirks
    (Essen-Ruhr),
Elektrotechnischer Verein an der Saar (Saarbrücken),
Schleswig-Holsteinischer Elektrotechnischer Verein Kiel,
Thüringer Elektrotechnischer Verein (Erfurt),
Württembergischer Elektrotechnischer Verein (Stuttgart).

Die Satzungen des Verbandes wurden als Entwurf auf der Gründungsversammlung angenommen, danach von einem besonderen Ausschuß auftragsgemäß in eine endgültige Fassung gebracht und in dieser von der ersten Jahresversammlung in Cöln 1893 auf ein Jahr probeweise in Kraft gesetzt. Ein Jahr später, in Leipzig, wurden sie endgültig angenommen. Inzwischen war die vom Elektrotechnischen Verein seit 1880 herausgegebene Elektrotechnische Zeitschrift zum Verbandsblatt gewählt worden, um für die beruflichen Beziehungen der Mitglieder einen Mittelpunkt zu schaffen. In die nunmehr auch endgültig festgelegten Jahresbeiträge — für die direkten Mitglieder des Verbandes 30 Mark, für die Mitglieder von Vereinen des Verbandes 20 Mark — wurde der Bezug der Zeitschrift mit einbegriffen. Der Fachverkehr der Mitglieder und Vereine untereinander ist durch die Elektrotechnische Zeitschrift wesentlich gefördert worden; sie hat viel dazu beigetragen, die Beziehungen aller Beteiligten immer enger und vorteilhafter zu gestalten.

Da eine Reihe von Verträgen zwischen dem Verbande und elektrotechnischen Vereinen am 30. Juni 1899 ablief, war man bereits im Dezember vorher in vorbereitender Sitzung der Frage nähergetreten, ob in Zukunft nicht die Verbindung der einzelnen Teile miteinander noch straffer gestaltet werden könnte. Eine dahinzielende Änderung der Satzungen fand die Genehmigung der Jahresversammlung von 1899. Man bemühte sich gleichzeitig, die wissenschaftlich-technischen Arbeiten noch mehr zum Kern der Verbands-Bestrebungen zu machen; wie sehr damit das Richtige getroffen wurde, zeigt die Tatsache, daß sich allein im nächsten Jahre fünf neue Vereine bildeten und dem Verbande anschlossen. Der leitende Grundgedanke des Verbandes, daß kein Verein durch einen anderen geschädigt und allen gleichmäßig Gelegenheit zur freien Entfaltung gegeben werden sollte, hatte sich bewährt; auch weiterhin konnten sich alle Vereine in günstiger Weise entwickeln und haben durch ihre Mitarbeit an den Aufgaben des Verbandes der gesamten deutschen Elektrotechnik wesentliche Dienste geleistet. Im Jahre 1902 beschloß der Vorstand, den Verband in das Vereinsregister eintragen zu lassen: das Amtsgericht Berlin I verfügte diese Eintragung unter Nr. 298 am 15. Dezember des genannten Jahres.

Im Januar 1907 bereiteten in einer Zusammenkunft in Kassel Vertreter der am Verbande beteiligten Vereine eine erneute Umformung der Satzungen vor. Diesmal galt es besonders für die Geldwirtschaft des Verbandes, die in den Jahren vorher durch die sehr gesteigerte Tätigkeit starke Anforderungen zu erfüllen und dabei manche Schwierigkeit zu überwinden hatte, günstige und fördernde Grundlagen zu sichern. Die Erfurter Jahresversammlung 1908 nahm die betreffenden Vorschläge an und gab damit dem Verbande seine endgültige Gestaltung. In Zukunft wurde vermieden, daß die Verträge der einzelnen Vereine mit dem Verbande alljährlich gekündigt werden konnten; die Beziehungen zu den einzelnen Vereinen wurden nach Möglichkeit, soweit dies unter Berücksichtigung der geschichtlichen Entwicklung durchführbar war, auf eine gleiche, einheitliche Grundlage gestellt. Ein neuer Vertrag mit dem Verleger räumte dem Verbande einen wesentlichen Einfluß auf die elektrotechnische Zeitschrift und Anteil an dem mit ihr erzielten Gewinn ein.

Mitglieder. Mitglied des Verbandes kann jeder in Deutschland Wohnende sowie jeder Deutsche im Auslande sein, der an der Elektrotechnik und an verwandten Berufszweigen ein wissenschaftliches oder praktisches Interesse hat; Behörden, Körperschaften, rechtsfähige Vereine, Gesellschaften und Handelsfirmen können gleichfalls die Mitgliedschaft erwerben. Über die Aufnahme entscheidet der Vorstand. Die Mitglieder der elektrotechnischen Vereine Deutschlands, mit denen der Verband einen Vertrag abgeschlossen hat, sind, soweit sie in Deutschland ihren Wohnsitz haben, ebenfalls Mitglieder des Verbandes. Mit diesen Mitgliedern verkehrt der Verband — außer auf der Jahresversammlung — nur durch die Vereine. Durch die Zahlung des Jahresbeitrages erwirbt jedes Mitglied das Recht, an den Verbandsversammlungen teilzunehmen und den Anspruch auf Zustellung der Verbandszeitschrift. Die Mitgliederzahl des Verbandes ist in stetem Wachsen geblieben; ein Rückgang ist auch in den für die Elektroindustrie so schwierigen Jahren zu Anfang dieses Jahrhunderts nicht eingetreten; der Mitgliederbestand in den einzelnen Jahren ist durch Abb. 1 veranschaulicht. Seit Kriegsbeginn ist ein geringer Rückgang der Mitgliederzahl zu beobachten. Im Kampfe für das Vaterland sind bis zum 1. April 1918 101 Mitglieder gefallen. Die Ehrenmitgliedschaft hat der Verband bisher zweimal verliehen: 1912 an Emil Budde und 1914 an Emil Rathenau.

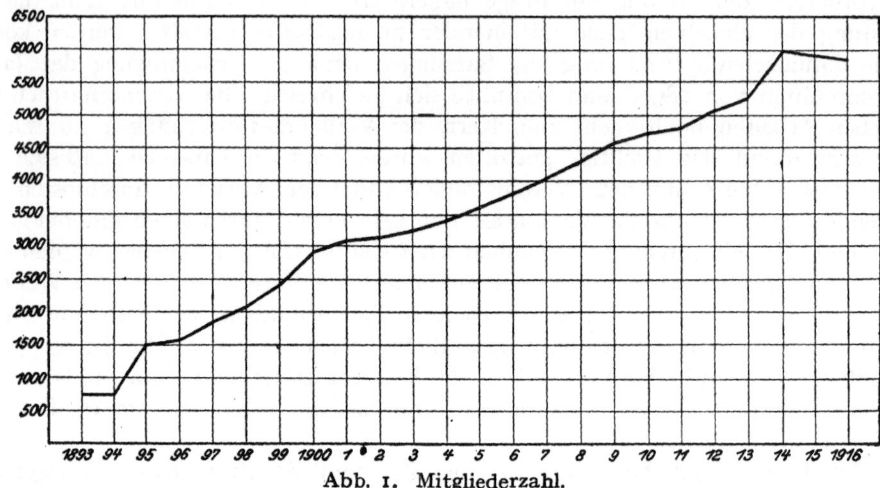

Abb. 1. Mitgliederzahl.

Vorstand. Der Vorstand des Verbandes besteht aus dem Vorsitzenden, zwei stellvertretenden Vorsitzenden und sechs weiteren Mitgliedern, die von der Jahresversammlung durch einfache Stimmenmehrheit auf zwei Jahre gewählt werden. Dem Vorstande liegt nach den Satzungen die Leitung des Verbandes ob, jedoch sind für ihn die Beschlüsse der Jahresversammlung bindend. Alle den Verband betreffenden Angelegenheiten werden zunächst im Vorstand behandelt und gegebenenfalls dem Ausschuß oder der Jahresversammlung vorgelegt. Durchschnittlich haben in jedem Jahre vier Vorstandssitzungen stattgefunden.

Dem Vorstand gehören zur Zeit an: G. Klingenberg (Vorsitzender), W. Litzrodt, O. von Miller, G. Montanus, G. Roeßler, G. Sieg, K. F. von Siemens, H. Voigt, C. Zell.

Der Vorsitz hat bisher zehnmal in nachstehender Folge gewechselt:

1893/96 A. Slaby,	1906/08 W. Kohlrausch,
1896/98 J. Stübben,	1908/10 H. Görges,
1898/00 W. v. Siemens,	1910/12 E. Budde,
1900/02 E. Hartmann,	1912/14 W. Christiani,
1902/04 R. Ulbricht,	seit 1914 G. Klingenberg.
1904/06 E. Budde,	

Außerdem waren früher im Vorstande tätig:

A. Berliner	G. v. Gaisberg	Kolle	F. Roß
H. Bissinger	B. Goldenberg	L. Magee	J. Singer
F. Deutsch	A. Haeffner	P. Mamroth	K. Strecker
W. Dietrich	P. Jordan (Berlin)	E. Naglo	F. Uppenborn
F. Ebert	F. Jordan (Bremen)	A. Prücker	H. Voigt
A. Fleischhauer	E. Kittler	E. Rathenau	A. Wacker
			G. Zapf.

J. Stübben

Vorsitzender 1896—1898

Ausschuß. Dem Vorstand steht ein Ausschuß zur Seite, ohne dessen Zustimmung grundsätzliche Entscheidungen nicht getroffen werden dürfen. Er besteht aus Mitgliedern, die von den zum Verbande gehörigen Vereinen ernannt werden, wobei auf je angefangene 150 Vereinsmitglieder ein Ausschußmitglied gewählt wird, und aus Mitgliedern, die unmittelbar von der Jahresversammlung direkt ernannt werden. Außerdem gehören ihm die Vorstandsmitglieder an. Abgesehen von außerordentlichen Tagungen, trat der Ausschuß meist alljährlich anläßlich der Jahresversammlung zusammen. Seiner Entscheidung unterliegen alle bedeutenderen Maßnahmen und Arbeiten des Verbandes sowie Anträge und Vorschläge des Vorstandes, der Mitglieder des Ausschusses und der Verbandsmitglieder. Alle Vorlagen, die für die Jahresversammlung bestimmt sind, werden zunächst dem Ausschuß unterbreitet. Zur Zeit besteht der Ausschuß aus folgenden 58 Mitgliedern:

R. Apt-Berlin-Oberschöneweide,
R. Blochmann-Kiel,
A. Boettcher-Ilmenau,
Brunnenbusch-Essen,
E. Budde-Berlin,
H. Büggeln-Stuttgart,
W. Christiani-Coblenz,
F. Dessauer-Frankfurt a. Main,
H. Diederichs-Aachen,
A. Ebeling-Berlin-Siemensstadt,
E. Feyerabend-Berlin,
G. Fleischhauer-Magdeburg,
L. Fleischmann-Berlin,
S. von Gaisberg-Hamburg,
G. Germershausen-Leipzig,
K. Glauning-Nürnberg,
J. Görges-Dresden,
G. Groß-Cöln a. Rhein,
P. Gunderloch-Berlin,
F. Heinicke-Chorzow,
C. Heinke-München,
W. Herkt-Magdeburg,
J. Hermann-Stuttgart,
C. Hesse-Darmstadt,
J. Hissink-Charlottenburg,
E. Höchtl-München,
W. Kübler-Dresden,
B. Leitgebel-Dresden,
L. Lubszynski-Crefeld,

H. Lwowski-Essen,
H. Martens-Berlin-Wilmersdorf,
F. Meißner-Berlin,
K. Mertens-Hamburg,
P. Meyer-Berlin,
A. Müller-Bochum,
W. Nöldecke-Karlsruhe,
K. Ohliger-Hannover,
E. Orlich-Berlin-Zehlendorf,
H. Passavant-Berlin,
W. Petersen-Darmstadt,
W. Rathenau-Berlin-Grunewald,
S. Ruppel-Frankfurt a. Main,
R. Schöngarth-Cöln a. Rhein,
C. A. Schaefer-Hannover,
C. Schneider-Magdeburg,
L. Schüler-Berlin,
H. Seitz-Karlsruhe,
A. Seyfferth-Crefeld,
J. Singer-Frankfurt a. Main,
E. Spiro-Trier,
W. Vogel-Kattowitz,
H. Volckmar-Mannheim,
C. L. Weber-Berlin-Lichterfelde,
O. Weidig-Dresden,
P. Wittsack-Mannheim,
C. Wölcke-Leipzig,
G. Zapf-Mülheim-Rhein,
E. C. Zehme-Berlin-Lichterfelde.

Geschäftsstelle. Die in den Satzungen von Anfang an vorgesehene Geschäftsstelle wurde zunächst aushilfsweise von den Herren E. Budde und E. Sluzweski verwaltet. Schon am 30. März 1893 faßte der Vorstand den Beschluß, einen Geschäftsführer anzustellen. Am Ende des Jahres wurde mit Gisbert Kapp ein Abkommen geschlossen, nach welchem er am 1. Juli 1894 — zunächst auf fünf

Jahre — die Leitung der „Geschäftsstelle des Verbandes Deutscher Elektrotechniker“ auf Grund der Satzungen mit dem Titel Generalsekretär übernehmen
sollte. Als solcher war er verpflichtet, die Beschlüsse des Vorstandes, des
Ausschusses und der Jahresversammlungen zur Ausführung zu bringen; im
übrigen ist der Generalsekretär berechtigt, im Sinne der vom Vorstande erteil-
ten Richtlinien die Verbandsgeschäfte selbständig zu führen. Gisbert Kapp
wurde satzungsgemäß gleichzeitig als Schriftleiter der Elektrotechnischen Zeitschrift nach den Bestimmungen des mit dem Verleger geschlossenen Vertrages
verpflichtet.

Die Geschäftsstelle hatte im September 1893 im Hause des Verlages Jul. Springer
in Berlin, Monbijouplatz 3, eine Wohnung bezogen, von der am 1. Januar 1897 an
den Elektrotechnischen Verein zwei Räume zur Aufstellung seiner Bibliothek und
zur Einrichtung eines Lesezimmers vermietet wurden.

Als Nachfolger von Kapp, der sein Amt Ende Juni 1905 niederlegte, übernahm zu Anfang desselben Monats Georg Dettmar das Generalsekretariat. Damals wurde die Schriftleitung der Elektrotechnischen Zeitschrift von den Obliegen-
heiten des Generalsekretärs abgezweigt.

Im Jahre 1911 wurde die Geschäftsstelle des Verbandes nach der Königgrätzer
Straße 106 verlegt; zwei Räume sind auch hier an den Elektrotechnischen Verein
abgegeben. Allmählich wurden für die immer weiter ausgreifende Tätigkeit der
Geschäftsstelle Assistenten des Generalsekretärs sowie Hilfskräfte für die Arbeiten
des Bureaus und der Registratur notwendig. Die steigende Tätigkeit des Verbandes und der einzelnen Kommissionen hat die Arbeit der Geschäftsstelle in ent-
sprechendem Maße vermehrt.

Geldwirtschaft des Verbandes. Zu den Aufgaben der Geschäftsstelle gehört
auch die Kassenverwaltung des Verbandes.

Seine Einnahmen setzen sich zusammen aus den Mitgliedsbeiträgen, aus
einem Anteil am Gewinn der Elektrotechnischen Zeitschrift, aus dem Ertrage

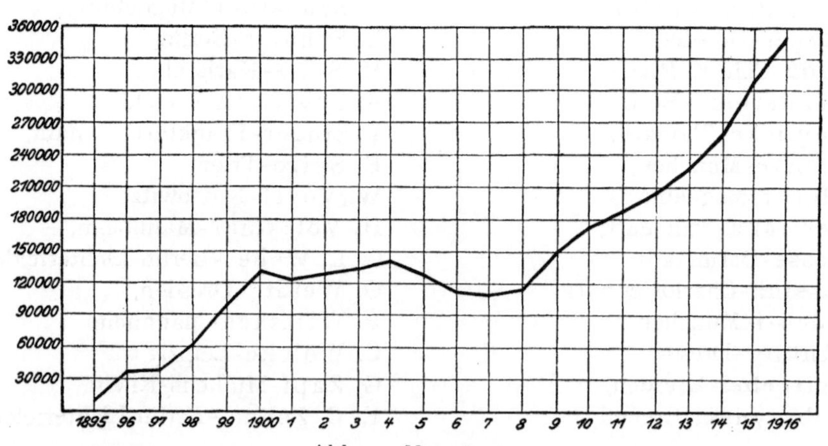

Abb. 2. Vermögen.

des Druckschriftenverkaufes, aus dem Honorar für Gutachten und aus Zinsen.
Die Ausgaben des Verbandes hielten sich anfangs entsprechend dem Umfange
seiner Tätigkeit in bescheidenen Grenzen. Als aber im Jahre 1906 die starke

Steigerung der Kommissionstätigkeit eingesetzt hatte, mußte auch die Geldwirtschaft auf eine neue sichere Grundlage gestellt werden. Die 1907 durchgeführte Neuordnung des Verbandes, die starke Mitgliederzunahme, das dadurch bedingte Wachsen der Einnahmen und ein höherer Reingewinn aus der Elektrotechnischen Zeitschrift entsprachen den steigenden Geldbedürfnissen, so daß von dieser Zeit ab ein ständiges Anwachsen des Verbandsvermögens, dessen Entwicklung in Abb. 2 dargestellt ist, zu verzeichnen war.

Kommissionen. Da sachliche Einzelarbeit nicht gut in größerem Kreise durchgeführt werden kann, so wurden für die Erledigung der von Vorstand, Ausschuß und Jahresversammlung beschlossenen Arbeiten· von Anfang an besondere Kommissionen gebildet, zu denen man für jedes Sondergebiet die erfahrensten Fachleute heranzuziehen suchte. Schon auf der ersten Jahresversammlung in Cöln 1893 wurde dieser Weg zur Erledigung derz ein elnen Aufgaben beschritten. Nähere Angaben über Art und Inhalt der im Laufe der Zeit durchgeführten Kommissionsarbeiten sind in den Ausführungen des Abschnittes IV über die Kommissionsarbeiten gemacht. Zur Zeit bestehen folgende Kommissionen:

Kommission für Errichtungs- und Betriebs-Vorschriften·
(mit Bergwerks-Komitee und Komitee für Betriebs-
vorschriften) . . . . Vors. C. L. Weber,
Kommission für Installationsmaterial . . . . „ G. Dettmar,
Draht- und Kabel-Kommission . . . . „ G. Germershausen,
Maschinennormalien-Kommission . . . . „ G. Dettmar,
Erdstrom-Kommission . . . . „ K. Otto,
Wegegesetz-Kommission . . . . „ K. Wertenson,
Licht-Kommission . . . . „ W. Wedding,
Kommission für Elektrizitätszähler . . . . „ H. Passavant,
Kommission für Isolierstoffe . . . . „ H. Passavant,
Kommission zum Studium der Beeinflussung von
Schwachstromleitungen durch Hochspannungsanlagen „ G. Dettmar,
Kommission für die praktische Ausbildung von Stu-
dierenden . . . . „ J. Teichmüller,
Kommission für Hochspannungsapparate . . . . . „ G. Dettmar,
Kommission für Schaltapparate . . . . „ G. Lux,
Kommission für Kochapparate . . . . „ A. Boettcher,
Kommission für Schwachstromanlagen . . . . . . „ R. Franke,
Erdungs-Kommission . . . . „ G. Klingenberg.
Kommission zum Studium des Schutzes von elektrischen
Anlagen gegen Überspannung . . . . „ (noch nicht gewählt).
Kommission für die Max-Günther-Stifung . . . . „ K. Strecker,
Deutsches Komitee der Internationalen Elektrotech-·
nischen Kommission . . . . „ E. Budde,
Redaktionskomitee der Elektrotechnischen Zeitschrift „ W. Christiani.

Jahresversammlungen. Die in den Satzungen vorgeschriebene Jahresversammlung findet gewöhnlich in den Sommermonaten statt; sie ist seit Bestehen des Verbandes nur zweimal — in den Jahren 1915 und 1917 infolge des Krieges — ausgefallen.

Die Bedeutung der Jahresversammlungen liegt — abgesehen von den wertvollen fachlichen Erörterungen, die bei der Beschlußfassung über Vorlagen und in den an die Vorträge sich anschließenden Aussprachen stattfinden — in dem persönlichen Zusammenschluß zwischen den Fachleuten unter sich und den Verbandsmitgliedern mit ihren Gästen aus behördlichen und nahestehenden wissenschaftlichen wie industriellen Kreisen, der manche Gelegenheit zur Anregung und Durchführung wichtiger Aufgaben schuf. Welcher Wert diesen Versammlungen von den Verbandsmitgliedern beigelegt wird, geht daraus hervor, daß bei der während des Krieges 1916 in Frankfurt a. M. abgehaltenen Jahresversammlung 750 Teilnehmer anwesend waren, obgleich eine große Zahl der jüngeren Verbandsmitglieder im Felde stand oder durch sonstige militärische Inanspruchnahme verhindert wurde, an der Versammlung teilzunehmen. Diese Besucherzahl wurde nur bei wenigen früheren Jahresversammlungen mit mehr als 800 Anwesenden übertroffen.

Mit der steigenden Bedeutung der Verbandstätigkeit für die Öffentlichkeit wuchs auch das Interesse weiterer Kreise an den Jahresversammlungen; Reichs- und Staatsbehörden z. B. begannen regelmäßig Vertreter zu entsenden. Je mehr so die Zahl der Besucher zunahm, desto zweckmäßiger und notwendiger erschien es, auch Gegenstände zu behandeln, die über den Kreis der Fachelektrotechniker hinaus Anteilnahme erregen. So entwickelte sich der Brauch, am ersten Tage der Jahresversammlung durch einen berufenen Fachmann einen größeren Festvortrag zu bieten, der nach Form und Inhalt dem Tagesinteresse und dem Verständnis aller Teilnehmer entgegenkommt. Die anschließenden Verhandlungen werden dann vom Vorsitzenden durch eine Übersicht über die Entwicklung der Elektrotechnik im abgelaufenen Jahre eingeleitet, und nach Erledigung der verbandsgeschäftlichen Angelegenheiten werden die Fachvorträge gehalten. Da das gesamte Gebiet, das die Interessen der Verbandsmitglieder berührt, so umfassend und vielseitig ist, daß eine Berücksichtigung aller inhaltlich wichtigen Sondergebiete zuviel Vorträge erfordern und das Interesse der Besucher zersplittern würde, so hat man seit 1908 für jede Jahresversammlung ein bestimmtes Thema gestellt, das von verschiedenen Rednern behandelt und im Anschluß an deren Ausführungen einer allgemeinen Aussprache unterworfen wird. Nebenbei werden dann noch kürzere Referate über Gegenstände, die ein besonderes Interesse erwarten lassen, gehalten. Um für die Aussprache möglichst viel Zeit zu gewinnen, werden die Vorträge meist nur in einem gekürzten Auszug mündlich wiedergegeben, während der volle Wortlaut schon einige Zeit vor der Jahresversammlung gedruckt und den Mitgliedern auf Wunsch zugesandt wird. Seit in den größeren deutschen Städten elektrotechnische Vereine bestehen, hat sich der Brauch eingebürgert, daß der Verband bei der Jahresversammlung Gast eines Zweigvereins ist, und die Vereine haben gemeinsam mit den betreffenden Stadtverwaltungen in steigendem Maße dazu beigetragen, daß aus der zu sachlicher Arbeit einberufenen Versammlung eine festliche Veranstaltung wurde, die den Fachgenossen und ihren Gästen Gelegenheit zu ergebnisreichen Zusammenkünften bot. Zum Teil wurden auch Fachausstellungen mit den Jahresversammlungen verbunden, oder diese fanden an Orten statt, an denen andere bedeutende Ausstellungen waren, wie die Industrieausstellung 1902 in Düsseldorf und 1913 die Jahrhundertausstellung in Breslau.

Übersicht über die bisherigen Jahresversammlungen:

1893 Cöln,
1894 Leipzig,
1895 München,
1896 Berlin,
1897 Eisenach,
1898 Frankfurt a. M.,
1899 Hannover,
1900 Kiel,
1901 Dresden,
1902 Düsseldorf,
1903 Mannheim,
1904 Kassel,
1905 Dortmund-Essen,

1906 Stuttgart,
1907 Hamburg,
1908 Erfurt (Überspannungen),
1909 Cöln (Dampfturbinen-Turbodynamos),
1910 Braunschweig (Die Elektrizität in der Landwirtschaft),
1911 München (Die Elektrizität im Hause; mit Ausstellung),
1912 Leipzig (Der Bau großer Kraftwerke; elektrotechnische Ausstellung),
1913 Breslau (Verteilung großer Leistungen auf ausgedehnte Gebiete),
1914 Magdeburg (Die Elektrizität auf Schiffen),
1916 Frankfurt a. M. (Elektrische Großwirtschaft unter staatlicher Mitwirkung; Ausstellung „Ersatzstoffe in der Elektrotechnik").

III. Die zum Verbande gehörigen Vereine.

Zu den wichtigsten Trägern des Verbandslebens sind die 22 im V. D. E. zusammengeschlossenen elektrotechnischen Vereine zu zählen. Sie erfüllen in glücklicher Weise die Aufgabe, die Bestrebungen des Verbandes in lebendiger Wirkung zu erhalten und die Anregungen, die von der Zentralstelle ausgehen, an die einzelnen in ihrer praktischen Tätigkeit über ganz Deutschland hin verteilten Mitglieder weiterzuleiten; umgekehrt führt der vielfältige persönliche Zusammenhang der zu einem Bezirke gehörenden Mitglieder in einem Verein durch unmittelbares Weitergeben der an den einzelnen Stellen zutage tretenden Wünsche dem Vorstand und der Geschäftsstelle immer neuen Stoff, der für die Verbandsarbeiten zu verwerten ist, zu. Durch dieses rege Vereinsleben ergibt sich auch an den verschiedenen Stellen in viel höherem Grade, als es lediglich durch die Tätigkeit einer einzigen Zentralstelle ermöglicht werden könnte, die unmittelbare Berührung und Verständigung zwischen den elektrotechnischen Fachleuten und den Vertretern all der anderen Kreise, wie Industrie, Landwirtschaft, Verkehr und Handel und nicht zuletzt Behörden, die als Elektrizitätsverbraucher zur Anteilnahme an den Bestrebungen des Verbandes veranlaßt sind, wodurch wiederum für die Verbandsarbeiten jederzeit erschöpfende Unterlagen gesammelt werden können über alle praktischen Bedürfnisse, die etwa zu berücksichtigen sind.

Die Geschäftsstelle und die Kommissionen haben denn auch stets Wert darauf gelegt, sich die Mitarbeit der Vereine bei wichtigen Arbeiten zu sichern und vor allem sind die Errichtungsvorschriften unter stärkster Teilnahme der Vereine, insbesondere bei der letzten Fassung vom Jahre 1914, aufgestellt worden. Die Vereine haben vielfach Unterausschüsse für die Behandlung besonderer vom Verbande gerade behandelter Aufgaben eingesetzt.

Umgekehrt ist aber auch eine ganze Reihe von Verbandsbestimmungen auf unmittelbare Anregung eines Vereins zurückzuführen; so hat z. B. der Elektrotechnische Verein den Anstoß gegeben und zum Teil die bereits vollständig bearbeiteten Unterlagen geliefert zur Herausgabe der Sicherheitsvorschriften, den Leitsätzen über Blitzschutz, den Erdstromvorschriften, den Photometrischen Einheiten und der Definition gestreckter Leiter. Er förderte die Arbeiten der Maschinennormalien-Kommission durch Veranstaltung von Versuchen über die Wärmebeständigkeit von Baumwolle und Papier. Die Elektrotechnische Gesellschaft Frankfurt a. M. regte die ersten Arbeiten der Kommission für Materialprüfung (später Kommission für Installationsmaterial) an, die Normalien für Eisenblechprüfung, die Anschlußbedingungen für Motoren und die neuerliche wesentliche Erweiterung der Blitzschutzleitsätze. Der Rheinisch-Westfälische Verein beantragte seinerzeit die Aufstellung von Normalien für Warnungstafeln, der Dresdner Verein die einheitlichen Klemmenbezeichnungen und die ersten Arbeiten über Glühlampenmessungen, die Hannoversche Elektrotechnische Gesellschaft die Maschinennormalien und die Elektrotechnische Gesellschaft Leipzig gemeinsam mit der von Frankfurt a. M. die Verbandsarbeiten über gesetzgeberische Behandlung des Diebstahls elektrischer Arbeit.

Die Vereine bilden auch häufig die geeigneten Mittler zwischen dem Verbande und der breiteren Öffentlichkeit. Als vom V. D. E. im Jahre 1910 die „Leitsätze für Errichtung von Fortbildungskursen für Monteure und Wärter elektrischer Anlagen" herausgegeben waren, wurden vom Elektrotechnischen Verein, dem E. V. Aachen, Mannheim-Ludwigshafen, der E. G. Frankfurt a. M. und Magdeburg und dem Württembergischen Verein die aufgestellten Grundsätze verwirklicht durch Veranstaltung von Fortbildungskursen, die mehrere Jahre hindurch mit bestem Erfolge beibehalten wurden.

Ein geeignetes Betätigungsfeld für Vereine bot auch öfters die Veranstaltung von Fachausstellungen. München brachte 1911 die sehr bedeutende Ausstellung „Elektrizität im Hause", im Anschluß hieran Leipzig 1912 und Nürnberg 1913 Ausstellungen ähnlicher Art, Frankfurt im Kriege 1916 die sehr wichtige Ersatzstoffausstellung, die von den Vereinen und Gesellschaften in Essen, Magdeburg, Kiel und Oberschlesien in kleinerem Umfange wiederholt wurde.

Der enge Zusammenhang und das freundschaftliche Verhältnis zwischen Verband und Vereinen kommt zu deutlichstem, äußerlich sichtbarem Ausdruck bei den Jahresversammlungen, bei denen meistens der Verband Gast eines der Vereine ist und die von den Vereinen gern zu Gelegenheiten genommen wurden, den Verbandsgenossen die Tage der Arbeit durch Veranstaltungen festlicher Geselligkeit zu verschönern. Vielfach werden von den Vereinen anläßlich dieser Jahresversammlungen besondere Veranstaltungen wie die erwähnten Ausstellungen unternommen. — Bei folgenden Vereinen und Gesellschaften wurde der Verband zu Jahresversammlungen aufgenommen: Elektrotechnischer Verein (Berlin) 1896 und 1918, Breslau 1913, Cöln 1893 und 1909, Dresden 1901, Frankfurt a. M. 1898 und 1916, Hamburg 1907, Hannover 1899, Leipzig 1894 und 1912, Magdeburg 1914, Mannheim-Ludwigshafen 1903, München 1895 und 1911 Rheinisch-Westfälischer E. V., Dortmund-Essen, 1905 und Württembergischer E. V., Stuttgart, 1906.

Die Wirksamkeit des Verbandes und der Vereine ergänzt und fördert sich gegenseitig. Die Grundlage und Voraussetzung für die Gründung des Verbandes war ja das frühere Bestehen der auf Seite 5 bereits genannten Vereine. Wiederum hat der Verband später auf möglichst weitgehende Ausbreitung und Entwicklung des Vereinslebens Wert gelegt und die Gründung neuer Zweigvereine gefördert. Eine Übersicht über die zur Zeit im Verbande zusammengeschlossenen elektrotechnischen Vereine gibt die nachstehende Tabelle:

	Gründung	Eintritt in den V. D. E.	Mitglieder z. Verband gehörige	sonstige
Elektrotechnischer Verein	1879	1893	1607	367
Elektrotechnischer Verein zu Aachen . . .	1897	1899	94	18
Elektrotechnischer Verein Breslau	1905	1905	85	19
Dresdner Elektrotechnischer Verein	1892	1893	254	3
Elektrotechnische Gesellschaft in Frankfurt a. M.	1881	1893	333	90
Elektrotechnischer Verein Hamburg	1904	1904	189	—
Elektrotechnische Gesellschaft Hannover . .	1892	1893	175	—

	Gründung	Eintritt in den V. D. E.	Mitglieder	
			z. Verband gehörige	sonstige
Hessische Elektrotechnische Gesellschaft . .	1908	1908	68	—
Elektrotechnische Gesellschaft zu Cöln a. Rh.	1892	1893	167	42
Elektrotechnische Vereinigung zu Leipzig . (Hervorgegangen aus der Leipziger Elektrotechnischen Gesellschaft und dem Leipziger Elektrotechnischen Verein.)	1910	1910	264	63
Elektrotechnische Gesellschaft Magdeburg . .	1899	1900	173	16
Elektrotechnischer Verein Mannheim-Ludwigshafen	1899	1899	200	15
Elektrotechnischer Verein München	1893	1893	176	76
Elektrotechnischer Verein am Niederrhein .	1908	1908	75	25
Elektrotechnische Gesellschaft zu Nürnberg .	1911	1911	93	36
Oberrheinischer Elektrotechnischer Verein .	1902	1902	106	26
Oberschlesischer Elektrotechnischer Verein .	1905	1905	195	27
Elektrotechnischer Verein des Rheinisch-Westfälischen Industrie-Bezirks	1903	1903	396	68
Elektrotechnischer Verein an der Saar . . .	1908	1908	48	2
Schleswig-Holsteinischer Elektrotechnischer Verein Kiel	1900	1900	100	50
Thüringer Elektrotechnischer Verein	1910	1911	97	13
Württembergischer Elektrotechnischer Verein	1899	1899	336	84

W. v. Siemens
Vorsitzender 1898—1900

IV. Die Arbeiten des Verbandes.

1. Die Kommissionen.

Als Zeugnisse der Tätigkeit des Verbandes Deutscher Elektrotechniker sind vornehmlich die von ihm geschaffenen Vorschriften und Normalien zu nennen, die zum großen Teil weit über das eigentliche Gebiet der Elektrotechnik hinaus Bedeutung gewonnen haben. Schon auf seiner ersten Jahresversammlung 1893 in Cöln nahm der Verband — im Anschluß an einen Vortrag von H. Voigt (,,Vorschläge zur Einführung einheitlicher Kontaktgrößen und Schrauben bei Ausschaltern, Sicherungen sowie größeren Apparaten von 50 A. an") — seine Arbeiten in dieser Richtung auf, um sie dann stetig weiterzuentwickeln. Die segensreiche Wirkung dieser Arbeit Bestrebungen für die Industrie ist in einem Geschäftsbericht von Siemens & Halske (1912) bestätigt mit den Worten:

,,Ein anerkennenswertes Blatt in der Geschichte unserer Industrie bildet z. B. die Wirksamkeit des Verbandes Deutscher Elektrotechniker, welche sich von Anfang an der allseitigen Unterstützung und Mitarbeit der gesamten Industrie zu erfreuen gehabt hat. Durch ihn ist es auf dem rein technischen Gebiet zu zahlreichen Normen und Vorschriften gekommen, die eine wohltätige Ordnung bedeuten und allgemein befolgt werden."

Hin und wieder ist auch wohl ein gelinder Widerspruch laut geworden und ein Zweifel, ob nicht zuviel normalisiert und dadurch etwa die Freiheit des technischen Schaffens beeinträchtigt werde. — Eine gewisse Gefahr hierzu lag wohl vor, wenn im einzelnen nicht die richtige Grenze in Umfang und Schärfe der Normen innegehalten wurde. Dieser Gesichtspunkt ist aber niemals außer acht gelassen worden, und daß der Verband Deutscher Elektrotechniker mit seinen Bestrebungen auf dem richtigen Wege war, wird erhärtet durch die jüngsten Ereignisse: Hat sich doch im Kriege der ,,Normenausschuß der Deutschen Industrie" gebildet, der das, was der V. D. E. seit 25 Jahren für die Elektrotechnik geschaffen hat, nunmehr für die gesamte mechanische Industrie durchführen will. Auf Grund seiner langen Erfahrungen und Leistungen nimmt im Normenausschuß der V. D. E. eine führende Stellung ein, und seine Arbeiten sind vielfach Grundlage und Vorbild für die jetzt entstehenden Normen, die in den kommenden Friedensjahren einer größeren Allgemeinheit die Nachwirkungen des Krieges leichter zu überwinden helfen sollen. —

Die Normalisierungsarbeiten des Verbandes sind durchweg in den Kommissionen behandelt worden. Ihre Entwicklung wird einigermaßen veranschaulicht durch die in Abb. 3 gegebene Kurve der jährlichen Anzahl von Kommissionssitzungen.

Bei der Zusammensetzung der Kommissionen wurde stets Wert darauf gelegt — mit gutem Erfolg, wie sich bei den Arbeiten gezeigt hat —, daß Einseitigkeit vermieden und von vornherein alle an einem Gegenstand interessierten Kreise, im allgemeinen Hersteller, Verbraucher, Wissenschaftler und Behörden, in den Kommissionsarbeiten vertreten sind. Den Kommissionen ist außerdem aber die Freiheit gelassen, sich durch Zuwahl zu ergänzen oder in Einzelfällen durch Hinzuziehung geeigneter Persönlichkeiten für die Behandlung von Einzelfragen ihre Aufgaben mit der für die Sache förderlichsten Freiheit und Beweglichkeit zu lösen.

Die wertvollen sachlichen Ergebnisse der Kommissionsarbeiten, die in den Verbandsvorschriften niedergelegt sind, sind zum großen Teil dem Umstand zu danken, daß sowohl die beteiligten Mitglieder wie Firmen, Behörden, Prüfanstalten und Elektrizitätswerke die bei ihren Berufsarbeiten gemachten Erfahrungen den Kommissionen bereitwillig zur Verwertung mitteilten, und daß, soweit es nötig war, in industriellen und behördlichen Laboratorien und Werkstätten Versuche unmittelbar im Zusammenhang mit den Kommissionsberatungen und als Unterlagen für diese angestellt wurden.

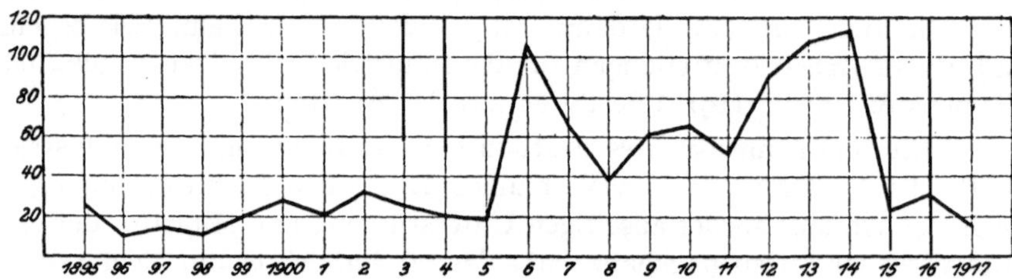

Abb. 3. Kommissionssitzungen.

Die von den Kommissionen als Ergebnis solcher Arbeiten fertiggestellten Entwürfe werden, bevor sie zur Beschlußfassung vor die Jahresversammlung kommen, stets in der Elektrotechnischen Zeitschrift veröffentlicht, um allen irgendwie von dem Inhalt der Arbeiten berührten Kreisen Gelegenheit zur Prüfung und Äußerung zu geben. Erst nach Erörterung aller hierauf etwa dem Verbande zugehenden Gegenvorschläge und Änderungswünsche werden die Entwürfe dem Ausschuß und der Jahresversammlung zur Beschlußfassung vorgelegt.

Nach vollständiger Erledigung ihrer Aufgaben lösen die Kommissionen sich wieder auf. Im allgemeinen haben sie aber eine recht lange Lebensdauer, da die wichtigsten Arbeitsgebiete sich ständig erweitern und neue Aufgaben bieten.

Da die Kommissionsmitglieder über das ganze Reich verstreut wohnen, so hat es sich, besonders in den Kriegsjahren, als zweckmäßig ergeben, daß Vorarbeiten von den in Berlin ansässigen Mitgliedern erledigt werden. Eine besondere Ausgestaltung hat dieses Verfahren bei der Kommission für Errichtungs- und Betriebsvorschriften gefunden, von der ein besonderer „Arbeitsausschuß" gebildet wurde, der nach Bedarf zur Behandlung kleinerer geschäftlicher Angelegenheiten zusammentritt und das Ergebnis nötigenfalls den auswärtigen Mitgliedern zur Beschlußfassung mitteilt.

Seit Bestehen des Verbandes wurden insgesamt folgende Kommissionen gebildet:

1. Kommission zur Festsetzung einheitlicher Kontaktgrößen und Schrauben für Schaltapparate . . . . eingesetzt 1893
2. Kommission für Errichtungs- und Betriebsvorschriften (Sicherheits-Kommission) . . . . „ 1894

Kommission zur Festsetzung einheitlicher Kontaktgrößen und Schrauben für Schaltapparate.

Wie oben erwähnt, hielt auf der ersten Jahresversammlung in Köln im Jahre 1893 H. Voigt einen Vortrag über „Vorschläge zur Einführung einheitlicher Kontaktgrößen und Schrauben bei Ausschaltern, Sicherungen sowie größeren Apparaten von 50 A. an". Darin wies er mit außerordentlicher Klarheit die Wichtigkeit der Vereinheitlichung gewisser Konstruktionsteile für den Bau elektrischer Apparate nach. Die Anregung wurde von der Jahresversammlung aufgenommen, und man beschloß, sie dem Ausschuß zur weiteren Behandlung unter Zuziehung des Vortragenden und anderer maßgebender Fachleute zu überweisen. Der Kommission gehörten folgende Mitglieder an: Bruger, Dihlmann, Fischinger, Günderloch, Gusinde, Hagen, Hartmann, Jordan, Meyer, Slaby, Wilking. Nach zweijähriger Arbeit hatte sie ihren Auftrag erledigt und legte der Jahresversammlung 1895 das Ergebnis vor. Es bezog sich nicht nur auf „Stärken der Schrauben zu Sicherungen, Schaltern, Instrumenten usw.", sondern es wurden auch „Normalien für Schmelzsicherungen", „Normalabstufungen für Ausschalter" und „Abstufungen für Drahtquerschnitte" festgelegt.

Auf Anregung der Kommission wurde ferner mit einem Preisausschreiben die Konstruktion einer unverwechselbaren Abschmelzsicherung zu fördern versucht.

Daraufhin gingen 60 Entwürfe ein. Der ausgesetzte Preis wurde von der Kommission Herrn Rittershaußen in Amsterdam zuerkannt.

Mit den Kontaktgrößen beschäftigte sich später die „Normalien-Kommission". (Siehe S. 32.)

Kommission für Errichtungs- und Betriebsvorschriften (Sicherheits-Kommission)[1].

Während es in einzelnen Staaten, z. B. in Frankreich und England, schon bald nach Errichtung der ersten Elektrizitätswerke für nötig gehalten wurde, die Ausführung solcher Anlagen auf dem Wege der Gesetzgebung zu regeln, hat sich die Starkstromtechnik in Deutschland unbeeinflußt von gesetzlicher Einwirkung oder Beaufsichtigung durch den Staat frei entwickeln können. Hierin ist auch durch das „Gesetz über das Telegraphenwesen des Deutschen Reichs" vom 6. April 1892 und durch das „Telegraphen-Wegegesetz" vom 18. Dezember 1899 (s. S. 33) keine wesentliche Änderung eingetreten; denn diese Gesetze betreffen in der Hauptsache das ausschließliche Recht des Staates, Telegraphen- und Fernsprechanlagen zu errichten und die öffentlichen Wege dazu zu benutzen, und auch da, wo sich aus ihrer Anwendung technische Maßnahmen ergeben, lassen sie den denkbar weitesten Spielraum für deren Auswahl und Durchführung.

Wenn die Vertreter der deutschen Elektrotechnik sich wiederholt bemüht haben, ein tieferes Eingreifen der Gesetzgebung auf dem in Rede stehenden Gebiete zu verhindern oder hinauszuschieben, um nicht im ersten Ausbau der jungen Technik durch starre Regeln beengt zu sein, so haben sie gleichwohl niemals schrankenlose Willkür und unbegrenzte Regellosigkeit als ein erstrebenswertes Ziel erachtet. Sie waren sich vielmehr stets bewußt, daß eine Freiheit, welche als alleiniges Hilfsmittel gegen bedenkliche Auswüchse des übertriebenen Konkurrenzkampfes nur die Selbsthilfe des einzelnen übrigläßt, niemals zu gedeihlichen Zuständen führen könne.

Es sind daher schon frühzeitig, auf den Wünschen und Bedürfnissen der Industrie selbst beruhend, mehr oder weniger bestimmte Regeln für die Ausführung elektrischer Einrichtungen ausgebildet worden. Zuerst waren es die Elektrizitätswerke größerer Städte, welche zur Sicherung ihres Betriebes und im Bewußtsein ihrer Verantwortlichkeit den Installateuren die Anwendung bestimmter Materialien und Verlegungsarten vorschrieben. In demselben Maße, in welchem die elektrischen Anlagen an Ausdehnung und Bedeutung zunahmen, wurden derartige Vorschriften auf Grund der allmählich gewonnenen Erfahrungen Schritt für Schritt erweitert und verbessert.

Allgemeiner gefaßte Sicherheitsvorschriften wurden im Jahre 1888 durch den elektrotechnischen Verein in Wien entworfen, und im Jahre 1892 ließ der Verband deutscher Privat-Feuerversicherungsgesellschaften Grundsätze zur Beurteilung der Feuersicherheit elektrischer Anlagen aufstellen.

Als daher im Beginn des Jahres 1894 zu gleicher Zeit von seiten des Elektrotechnischen Vereins und des Verbandes Deutscher Elektrotechniker die Aufgabe, allgemeingültige Vorschriften auszuarbeiten, in Angriff genommen wurde, handelte es sich weniger um neue Gesichtspunkte, als vielmehr darum, die bereits bekannten und erprobten Ausführungsregeln in eine einheitliche Form zu bringen und die Grenzen zu vereinbaren, bis zu denen auch die Einzelheiten elektrischer Anlagen

---

[1] Unter Benutzung von Webers „Erläuterungen zu den Vorschriften für die Errichtung und den Betrieb elektrischer Starkstromanlagen". Berlin, Verlag Julius Springer.

festgelegt werden dürften und sollten. — Diese Grenzlinie wird verschieden anzusetzen sein, je nach dem Zweck, dem die Vorschriften in erster Linie dienen sollen. Wenn die Vorsichtsbedingungen der Versicherungsgesellschaften ihren Wortlaut so allgemein hielten, daß nur die Forderungen, nicht aber die technischen Mittel zu ihrer Erfüllung genannt waren, so war diese insofern gerechtfertigt, als es sich im Geschäftskreis der genannten Gesellschaften vielfach um die Prüfung älterer, zu den verschiedensten Zeiten und mit den verschiedensten Mitteln ausgeführter Einrichtungen handelte, bei denen die mannigfachsten Stoffe und Mittel benutzt waren, die in einer kurzen Vorschrift unmöglich im einzelnen berücksichtigt werden konnten.

Die im Jahre 1895 vom Verbande Deutscher Elektrotechniker aufgestellten und bis zur Gegenwart weiter ausgebildeten Vorschriften waren von vornherein in etwas anderem Sinne gedacht und auf andere Voraussetzungen gestellt. Sie sollten in erster Linie die bei der Einrichtung von Neuanlagen gültigen Regeln in einheitlicher Weise zum Ausdruck bringen. Demgemäß mußten sie in erhöhtem Grade auf die Einzelheiten der elektrischen Einrichtungen eingehen. Sie bekamen daher einen ähnlichen Umfang und Charakter wie die schon vorher von den Elektrizitätswerken im einzelnen erlassenen Bestimmungen. Gegenüber diesen vielfach verschiedenartigen Bestimmungen sollten sie als einheitliche, für ganz Deutschland gültige Grundlage dienen, damit, wenn nicht alle Unterschiede, so doch wenigstens Widersprüche in den Maßnahmen der verschiedenen Elektrizitätswerke vermieden würden. Dadurch wurde erreicht, daß ein Installateur in verschiedenen Städten die gleichen Apparate und Verlegungsarten anwenden, und daß der Fabrikant von Einrichtungsgegenständen für die gleichen Muster überall Abnehmer finden konnte. Die Beurteilung von Kostenvoranschlägen für geplante Anlagen wurde wesentlich erleichtert, indem man die Güte der Materialien und die zulässigen Verlegungsarten wenigstens in den Hauptpunkten durch einheitliche Forderungen festlegte. Endlich wurde auch die Prüfung bestehender Einrichtungen ungemein vereinfacht und der Entstehung von Streitigkeiten vorgebeugt, weil nicht nur allgemeine Grundsätze, sondern auch technische Regeln aus den Vorschriften begründet werden konnten. Es ist daher auch den Feuerversicherungsgesellschaften, unbeschadet des Fortbestehens ihrer allgemeiner gehaltenen Vorsichtsbedingungen, ihre Aufgabe durch die Sicherheitsvorschriften des Verbandes Deutscher Elektrotechniker erleichtert worden.

Auch den Behörden sollten die Vorschriften eine brauchbare Grundlage und Richtschnur für ihr Vorgehen bieten, sofern sie es für notwendig erachten würden, einzelne oder bestimmte Gattungen von elektrischen Anlagen aus besonderen Gründen zu prüfen oder zu überwachen.

Dabei war niemals beabsichtigt, die Vorschriften mit rückwirkender Kraft in allen ihren Einzelheiten auf ältere, vorher schon vorhandene Anlagen anzuwenden. Bei der Beurteilung solcher Einrichtungen sollten sie als Richtschnur dienen, wobei es dem Prüfenden überlassen blieb, diejenigen Teile, welche in schroffem Widerspruche mit den Vorschriften standen und zu unmittelbarer Gefahr Anlaß gaben, sofort beseitigen zu lassen, während andere bei passender Gelegenheit mit den Vorschriften in Einklang zu bringen waren. Bei Neuanlagen dagegen sollte die Einhaltung der Bestimmungen in vollem Maße gefordert werden.

Bei Aufstellung der ersten Vorschriften des Verbandes Deutscher Elektrotechniker war man ganz besonders bestrebt, eine Schädigung der Industrie durch zu eng gefaßte Forderungen zu vermeiden, indem man sich nur an diejenigen Maßnahmen anlehnte, welche sich bereits als nützlich und notwendig eingebürgert hatten, und dort, wo es sich um neuere Bedürfnisse oder neue Hilfsmittel handelte, einen wohlbemessenen Spielraum gewährte. Gleichwohl konnte bereits damals mancher bedenkliche Auswuchs beseitigt werden; in dieser Hinsicht darf es nicht unerwähnt bleiben, daß eine Zeitlang die ernsthafte Gefahr vorlag, es möchte das Zutrauen des Publikums zur Sicherheit elektrischer Anlagen gründlich untergraben werden durch die weitgehende Verwendung schlechter oder ungeeigneter Materialien, wie sie von nicht genügend unterrichteten oder gewissenlosen Unternehmern manchmal benutzt wurden. Die damit verbundene Herabsetzung der Preise war gleichzeitig geeignet, den auf ihren guten Ruf bedachten und sorgfältig arbeitenden Firmen nicht zu unterschätzende Schädigungen zu bereiten.

In der Vorstandssitzung vom 24. März 1893, die unter dem Vorsitz von Adolf Slaby in der Technischen Hochschule zu Charlottenburg stattfand, beschloß der Vorstand: „Der Vorstand, bzw. die in Berlin anwesenden Mitglieder des Vereins konstituieren sich als permanente Kommission zur Ausarbeitung von „Vorschriften über Ausführung elektrischer Anlagen".

Dieser Beschluß kam nicht zur Ausführung, da der Vorstand durch andere Arbeiten, vor allem durch die damals geplante Berliner Gewerbeausstellung, außerordentlich in Anspruch genommen war. Doch schon auf der Jahresversammlung des Verbandes zu Leipzig 1894 wurde in der gleichen Angelegenheit von F. Gunderloch folgender Antrag gestellt: „In Erwägung, daß in bezug auf Ausführung von Installationen die verschiedenen Elektrizitätswerke und neuerdings auch der Verband der Deutschen Privat-Feuerversicherungsgesellschaften verschiedenartige, oft sogar direkt entgegengesetzte Bestimmungen erlassen haben, beantrage ich die Einsetzung einer Kommission, welche auf Grund der gesammelten Erfahrungen einheitliche Bestimmungen für Einzel- und Anschlußanlagen ausarbeitet."

Diese Frage wurde zunächst der „Kommission zur Festsetzung einheitlicher Kontaktgrößen" übertragen. Durch Zuwahl weiterer Mitglieder bestand die Kommission, als sie anfing, ihre Arbeiten aufzunehmen, aus den Mitgliedern Budde, Dihlmann, Feußner, Fischinger, Gunderloch, Gusinde, Hagen, Hartmann, Hommel, Jordan (Berlin), Jordan (Bremen), Kallmann, Kapp, Meyer, Roß, Seubel, Sluzwesky, Uppenborn, Voigt, Weber, Wilking, Zerener. Der Vorsitz im „Komitee für Sicherheitsvorschriften bei elektrischen Anlagen" — dies war die erste Bezeichnung der Kommission — wurde von dem Generalsekretär Gisbert Kapp, übernommen.

Das Komitee löste seinen Auftrag in der Weise, daß es zunächst einen Vorschlag ausarbeitete und veröffentlichte, um die Meinungen weiter Kreise einzuholen. Der Elektrotechnische Verein hatte damals bereits ähnliche Vorschriften entworfen; da es aber nicht wünschenswert erschien, daß zwei Körperschaften verschiedene Vorschriften veröffentlichten, wurde in gemeinsamen Beratungen ein zusammengefaßter Entwurf zu Sicherheitsvorschriften für Anlagen vor niederer Spannung vereinbart. Es war ziemlich schwierig, eine grundlegende Verständigung der verschiedenen Firmen, Personen und Körperschaften zustande zu bringen.

Die Jahresversammlung 1895, die sich erstmalig mit den Arbeiten der Kommission befaßte, beschloß: „Die gemeinsame Kommission des Verbandes und Elektrotechnischen Vereins bleibt bestehen und ergänzt sich auf folgende Weise: Diejenigen Vereine, welche mit wenigstens 10 Mitgliedern im Verbande vertreten sind, ferner der Wiener Elektrotechnische Verein, die Reichs-Telegraphenverwaltung, die Physikalisch-Technische Reichsanstalt, die Vereinigung der Vertreter von Elektrizitätswerken und der Verband Deutscher Privat-Feuerversicherungsgesellschaften werden ersucht, entweder ein Mitglied der bestehenden Kommission mit ihrer Vertretung zu beauftragen, oder einen neuen Vertreter in die Kommission zu entsenden. Die Kommission erhält den Auftrag, dem Verbande Deutscher Privat-Feuerversicherungsgesellschaften eventuelle Abänderungsvorschläge zu deren bestehenden Vorschriften zu machen und dahin zu streben, daß die amendierten Feuerversicherungsvorschriften mit den entsprechenden Teilen der auszuarbeitenden Gesamtvorschriften gleichsinnig sind. Der Verband erteilt seiner Kommission Vollmacht, falls absolute Einstimmigkeit herrscht, die Sicherheitsvorschriften endgültig abzufassen und als Verbandsvorschriften zu veröffentlichen. Die Kommission bleibt nach Erledigung dieses Auftrages bestehen mit der Befugnis, notwendig werdende Änderungen der Vorschriften vorzunehmen."

In der ersten Sitzung dieser ergänzten Kommission wurde dann unter Buddes Vorsitz am 22. und 23. November 1895 in Eisenach einstimmig die erste Fassung der ‚Sicherheitsvorschriften für elektrische Starkstromanlagen" beschlossen.

Diese galten zunächst nur für Anlagen mit Spannungen bis 250 Volt. Da die Errichtung elektrischer Anlagen mit höherer Spannung in dauernder Zunahme begriffen war, machte sich bald das Bedürfnis nach Sicherheitsvorschriften auch für Anlagen dieser Art in dringlicher Weise fühlbar.

So wurde der Kommission 1896 der Auftrag gegeben, Sicherheitsvorschriften für Hochspannungsanlagen aufzustellen.

Einen umfassenden Bericht über neue Sicherheitsregeln für Hochspannung und für Niederspannung stattete auf der Jahresversammlung 1897 Oberingenieur Görges ab. Sie wurden als vorläufige Regeln und 1898 in Frankfurt a. M. als Verbandsvorschriften angenommen.

Ein Antrag von K. Seidel, gesonderte Betriebsvorschriften herauszugeben, fand zunächst noch keine Zustimmung. Dagegen wurde ein besonderer Unterausschuß eingesetzt, der Erläuterungen zu den Sicherheitsvorschriften aufstellen sollte. Er bestand aus den Herren Weber und West unter Hinzuziehung von Henke und Max sowie gegebenenfalls des gesamten Redaktionskomitees.

Im April 1896 wurden erstmalig Erläuterungen zu den Sicherheitsvorschriften von Weber herausgegeben. Bei ihrer Abfassung ist vor allem der Inhalt der Beratungen zugrunde gelegt, aus dem die Vorschriften selbst hervorgegangen sind. Es liegt in der Natur der Sache, daß Vorschriften, selbst wenn sie ausführlich genug bearbeitet sind, nur Anweisungen enthalten müssen, wie die Arbeiten auszuführen sind, und nicht Erklärungen, warum die Arbeit gerade in dieser und nicht in einer anderen Art und Weise zulässig ist. Solche Erklärungen und Begründungen müssen in einem besonderen Erläuterungsbericht gegeben werden. Diese Ergänzung zu den Arbeiten der Kommission bilden die Weberschen Erläuterungen.

Weitere Aufgaben, die 1898 der Sicherheitskommission gestellt wurden, bezogen sich auf Vorschriften für Betriebe, die als „schmierige" bezeichnet werden, Betriebe, die durch ihre eigentümliche Art das bei ihnen beschäftigte Personal der Gefährdung durch elektrische Ströme ganz besonders zugänglich machen, die den Boden und die Stiefel mit Alkalien und Säuren tränken, den Körper in Schweiß versetzen, die Haut leitend machen und so geeignet sind, Gefahren bei Spannungen hervorzurufen, die in allen anderen Betrieben vollkommen ungefährlich sind.

Da die Niederspannungsvorschriften sich nur auf Anlagen bis zu 250 Volt erstreckten und die Hochspannung bei 1000 Volt beginnen sollte, wurden auf Anregung des preußischen Ministeriums für Handel- und Gewerbe Vorschriften für Anlagen mit zwischen diesen Werten liegenden Spannungen aufgestellt.

Nach eingehenden Beratungen in zahlreichen Kommissionssitzungen — darunter eine viertägige Sitzung der ganzen Kommission in Halle — wurden 1899 Mittelspannungsvorschriften als vorläufige Regeln veröffentlicht. Die Kommission war ermächtigt, diese Mittelspannungsvorschriften nach einer nochmaligen Beratung als Verbandsvorschrift bekanntzugeben.

Hier wurde auch die Sicherheitskommission neu zusammengesetzt, und zwar für die Dauer von 4 Jahren. Als Mitglieder wurden gewählt: Agthe, Barnikol-Veit, Budde (Vorsitz), Corsepius, Dietrich, Dolivo-Dobrowolsky, Ebert, Feuerlein, Feußner, Fischinger, Fricke, Gaisberg, Görges, Gunderloch, Heincke, Hundhausen, Jordan (Bremen), Jordan (Frankfurt a. M.), Kallmann, Lange, May, Müller, Passavant, Peschel, Roß, Schröder, Seubel, Tellmann, Uhmann, Ulbricht, Voigt, Weber, West, Wilking.

1900 wurden Sonderbestimmungen für Theaterinstallationen fertiggestellt, die probeweise für ein Jahr angenommen wurden. Dasselbe gilt von den Sonderbestimmungen für Schaustellungen und Räume zur Aufstapelung leicht entzündlicher Stoffe. Eine Revision der Niederspannungsvorschriften einschließlich der Vorschriften für feuchte Räume und Warenhäuser war 1901 notwendig geworden. So wurde auf der Jahresversammlung die dritte Fassung angenommen.

Inzwischen hatte sich aber eine Umarbeitung des ganzen Stoffes als wünschenswert herausgestellt, die in den folgenden Jahren so durchgeführt wurde, daß sich ein einheitliches Werk ergab, welches alle Spannungsbereiche in nur noch zwei Abteilungen umfaßte.

Zunächst wurde die Umgestaltung der Vorschriften für Niederspannung vorgenommen. Äußerer Anlaß hierzu war das Interesse der Regierungen verschiedener Bundesstaaten, die eine Regelung wünschten, da sie nötigenfalls gesetzliche oder polizeiliche Verordnungen zur Überwachung elektrischer Anlagen treffen wollten, und den Wunsch hatten, sich bei Aufstellung der betreffenden Vorschriften von den Vorschlägen des Verbandes leiten zu lassen. So mußte den Verbandsvorschriften eine abgeschlossene Form gegeben werden.

Auf Veranlassung der Polizeibehörde in Hamburg befaßte sich ferner die Sicherheitskommission 1902 mit einer Neubearbeitung der Theatervorschriften. In der gleichen Zeit ersuchte das Königliche Oberbergamt in Breslau über von ihm erlassene Bestimmungen den Verband um eine gutachtliche Äußerung und um möglichst baldige Ausarbeitung von Verbandsvorschriften für Bergwerksanlagen. Um diesem Wunsche nachzukommen, wurde ein Unterausschuß gebildet aus Mitgliedern der Sicherheitskommission und Vertretern von Firmen, die Starkstromanlagen für Bergwerke bauten. Bergwerks- und neue Theatervorschriften wurden 1902 als vorläufige Regeln angenommen und die Zusammenfassung der Vorschriften für Nieder-, Mittel- und Hochspannung weiter vorbereitet. Mittel- und Hochspannung wurden hierbei unter der gemeinsamen Bezeichnung „Höhere Spannung" zusammengefaßt. Die Kommission wurde von der Jahresversammlung 1902 ermächtigt, letztere Arbeit als Verbandsvorschrift herauszugeben; dementsprechend beschloß die Kommission am 15. Januar 1903 die Veröffentlichung der Vorschriften mit dem Gültigkeitstermin 1904.

E. Hartmann †
Vorsitzender 1900—1902

In gemeinsamer Arbeit mit der Vereinigung der Elektrizitätswerke wurden 1903 „Sicherheitsvorschriften für den Betrieb elektrischer Anlagen" von der Sicherheitskommission aufgestellt.

Mit Rücksicht darauf, daß für die nächste Zeit die Kommission sich hauptsächlich mit Vorschriften für elektrische Bahnen zu beschäftigen beabsichtigte, wurde eine neue Zusammensetzung für wünschenswert erachtet. Sie umfaßte folgende Mitglieder: Budde, Corsepius, Ebert, Gaisberg, Görges, Gunderloch, Jordan (Frankfurt a. M.), Kapp, May, Montanus, Passavant, Pohl, Schrottke, Ulbricht, Uppenborn, Weber, Reichel, Kubierschki, Wilkens, Schulthes, Singer, Stotz, Ziegler. Außerdem sollte von den Firmen die Gruppe Siemens und Schuckert und die Gruppe Allgemeine Elektrizitäts-Gesellschaft und Union-Elektrizitäts-Gesellschaft je ein Mitglied nach freier Wahl zur Kommission stellen. Ferner sollte der Verein der Klein-. und Straßenbahnen drei Mitglieder, die fünfzehn zum Verbande gehörigen Vereine noch je ein Mitglied stellen.

Änderungen an der letzten Fassung der Sicherheitsvorschriften wurden bereits 1904 und 1905 notwendig. Hierbei wurde vor allem den Verhältnissen in chemischen Betriebsstätten durch Arbeiten, die ein besonderes Komitee erledigt hatte, Rechnung getragen. Eine neue Fassung „Vorschriften für die Errichtung elektrischer Starkstromanlagen", enthaltend Nieder- und Hochspannung, jedoch ohne Bestimmungen für Bergwerke, wurden 1907 in Hamburg angenommen, desgleichen die zweite Fassung der Betriebvorschriften. Da diese neuen Vorschriften auf Grund von Verhandlungen mit den Behörden unmittelbare behördliche Geltung haben sollten, so erfuhren sie auch der Form nach gegen die früheren Fassungen wesentliche Änderungen. Es wurden eine Anzahl bis dahin im einzelnen bestimmte Maßnahmen, die für die Mehrzahl der gewöhnlich vorkommenden Anlagen am Platze waren, durch eine möglichst allgemein gefaßte Angabe der zu erfüllenden Anforderungen ersetzt, damit nicht irgendwelche an sich geringfügige und unbedenkliche Abweichungen, wie sie unter besonderen Verhältnissen sich leicht ergeben und ganz gerechtfertigt sein können, als strafbare Verfehlungen aufgefaßt werden müßten.

Um aber diejenigen Normen und Regeln, die sich bisher als zweckmäßig für die normalen Fälle erwiesen hatten, nicht ganz streichen zu müssen und um eine einheitliche Grundlage für die Anschlußbedingungen der Elektrizitätswerke auch für die Zukunft zu erhalten, wurden die Vorschriften erstmalig durch „Ausführungsregeln" ergänzt, aus deren mehr ins einzelne gehenden Angaben zu ersehen ist, mit welchen Mitteln die in den Vorschriften gestellten Forderungen erfüllt werden können und. sollen, sofern nicht besondere Gründe für eine Abweichung vorliegen. Diesen Regeln, die äußerlich durch besonderen Druck gekennzeichnet sind, ist nicht die gleiche bindende Kraft beigelegt wie den eigentlichen Vorschriften. Die Unterscheidung in „Vorschriften" und „Regeln" ist seither beibehalten und wegen ihrer großen Zweckmäßigkeit auch in einer Reihe anderer Bestimmungen durchgeführt worden.

Die Tätigkeit der Sicherheitskommission 1908 und 1909 umfaßte die Aufstellung neuer Errichtungsvorschriften für Bergwerke unter Tage und die Umgestaltung der Vorschriften für den Betrieb elektrischer Starkstromanlagen.

Die neuen Bergwerksvorschriften, die von einem besonderen Bergwerkskomitee ausgearbeitet waren, wurden nicht in Form eines völlig unabhängig für sich dastehenden Werkes aufgestellt, sie wurden auch nicht als Sonderbestimmungen zu den

Errichtungsvorschriften herausgegeben, sondern in die einzelnen Paragraphen und Regeln der Errichtungsvorschriften hineingearbeitet und im Text durch eine besondere Kennzeichnung in Form des bekannten Bergmannssymbols (Schlägel und Eisen) hervorgehoben.

Die neue Fassung der Betriebsvorschriften stellte eine mehr redaktionelle als sachliche Änderung des 1907 beschlossenen Wortlautes dar.

Das mit der Aufstellung eines Entwurfes betraute Komitee, welches gemeinschaftlich mit der Vereinigung der Elektrizitätswerke gebildet war, hatte sich zu diesen Arbeiten durch Vertreter nachstehender Industriegruppen verstärkt: Deutscher Braunkohlen-Industrie-Vereine, Verein für die bergbaulichen Interessen im Oberbergamtsbezirk Dortmund, Oberschlesischer Berg- und Hüttenmännischer Vereine, Verein zur Wahrung der Interessen der chemischen Industrie, Verein Deutscher Eisenhüttenleute, Nordwestliche Gruppe des Vereins Deutscher Eisen- und Stahl-Industrieller. —

Die Brauchbarkeit der Vorschriften bewährte sich in mehrjähriger praktischer Anwendung, während welcher keine Neubearbeitung erforderlich war. Die technischen Fortschritte brachten aber, insbesondere mit dem Ausbau der Hochspannungsanlagen und der allgemeinen Ausdehnung der Elektrizitätsversorgung auf das Land, so viel Neues, daß die Vorschriften nach Ablauf von etwa 5 Jahren wieder als unzureichend und durch die Praxis überholt erschienen. — Mit Rücksicht darauf beschloß man 1912, in einer grundlegenden Durcharbeitung die Vorschriften dem Stande der Technik anzupassen. Dazu wurden zunächst öffentlich in der Elektrotechnischen Zeitschrift Wünsche und Anregungen aus der Praxis eingefordert und die daraufhin eingegangenen Abänderungsanträge zu den Errichtungsvorschriften zunächst vom Arbeitsausschuß in elf Sitzungen, diejenigen zu den Betriebsvorschriften in einer Sitzung des Komitees für Betriebsvorschriften gesichtet und durchberaten; alle Anträge wurden dann in einer übersichtlichen Zusammenstellung den Mitgliedern der Gesamtkommission übermittelt; die auf Bergwerke unter Tage sich beziehenden Änderungsvorschläge wurden von dem besonderen Bergwerkskomitee bearbeitet.

In einer Vollsitzung der Kommission in Nürnberg wurde nach genauer Durcharbeitung des vorliegenden Materials ein erster Entwurf aufgestellt, der in der Elektrotechnischen Zeitschrift veröffentlicht wurde. Daraufhin eingegangene Änderungsvorschläge wurden abermals vom Arbeitsausschuß in zehn Sitzungen durchberaten; bei einer Tagung der Gesamtkommission in Eisenach, an der auch die Mitglieder des Komitees für Betriebsvorschriften und des Bergwerkskomitees teilnahmen, wurde sodann über jeden eingegangenen Antrag und die Stellung des Arbeitsausschusses dazu Bericht erstattet und abgestimmt. Fast alle Beschlüsse, welche die Grundlage zu dem hiernach aufgestellten Entwurf der Vorschriften bildeten, wurden einstimmig von der Kommission gefaßt.

Die so entstandene Fassung ist unter dem Namen „Vorschriften für die Errichtung und den Betrieb elektrischer Starkstromanlagen nebst Ausführungsregeln" von der Jahresversammlung 1914 mit Gültigkeit ab 1. Juli 1915 angenommen worden.

Wie früher sind den allgemeinen Vorschriften Sonderbestimmungen für gewisse eigenartige Anwendungsgebiete, für feuchte Räume, feuergefährliche Betriebsräume, Theater, Warenhäuser angegliedert. Desgleichen sind die Sonderbestimmungen in

Bergwerken unter Tage den einzelnen Bestimmungen angefügt. Endlich sind auch die Vorschriften für den Betrieb elektrischer Anlagen in engste Übereinstimmung mit den Errichtungsvorschriften gebracht worden.

An den ausgedehnten Beratungen waren zahlreiche Behörden und Fachmänner als Vertreter der verschiedenen Sondergebiete beteiligt.

Diese neue letzte Fassung der Vorschriften kann als Ausdruck dessen gelten, was die berufenen Vertreter der deutschen Elektrotechnik an Vorschriften zur sachgemäßen und sicheren Ausführung elektrischer Starkstromanlagen zur Zeit für notwendig und hinreichend erachten.

Außer mit dieser wichtigsten und bedeutendsten Arbeit des Verbandes hat sich die Sicherheitskommission mit einer Reihe anderer Aufgaben beschäftigt und weitere Vorschriften und Leitsäze aufgestellt.

Der Arbeitsausschuß hat unter anderem auch die Aufgabe, die Anfragen über Auslegung und Anwendung der Vorschriften zu beantworten, die an den Verband gerichtet werden. Da diese Fragen und Antworten mitunter auch weitere Kreise interessieren können, so hat der Vorstand 1903 auf Webers Antrag die Veröffentlichung derselben in der Elektrotechnischen Zeitschrift angeordnet. Die Bestimmung darüber, welche von den Fragen und Antworten veröffentlicht werden soll, ist dem Arbeitsausschuß vorbehalten. Dieser geht von dem Gesichtspunkte aus, daß die Veröffentlichung in erster Linie den Installateuren zur Aufklärung dienen soll. Eine Sammlung von Fragen und Antworten zu den Errichtungs- und Betriebsvorschriften ist als Sonderdruck herausgegeben.

Zur Bearbeitung der verschiedenen Angelegenheiten werden meist besondere Unterausschüsse eingesetzt, die ihre Vorschläge zunächst der Kommission unterbreiten. Als im Jahre 1898 von mehreren Behörden dem Verbande die Anregung zuging, Vorschriften für die Wiederbelebung von elektrisch Betäubten aufzustellen, betraute die Sicherheitskommission als Unterkomitee mit dieser Aufgabe die Herren v. Dolivo-Dobrowolsky und Görges, die sich mit Professor Dr. Mendel, einer anerkannten Autorität der Nervenheilkunde, in Verbindung setzten und von ihm mit Ratschlägen unterstützt wurden. Die geplanten Vorschriften für die Wiederbelebung von Scheintoten bei elektrischen Anlagen wurden von ihm einer Durchsicht unterzogen und einige Abänderungen vorgeschlagen. Diese wurden bei der endgültigen Abfassung der Vorschriften berücksichtigt, und auf der Jahresversammlung 1899 wurde die „Anleitung zur ersten Hilfeleistung bei Unfällen im elektrischen Betriebe" angenommen.

1904 ging vom Oberbergamt Breslau die Mitteilung ein, daß nach Ansicht eines Sachverständigen diese Anleitung nicht mehr ganz auf der Höhe der medizinischen Wissenschaft ständen. Es war inzwischen mehrfach versucht worden, mit der Regierung und mit den Medizinalbehörden in Preußen wie im übrigen deutschen Reiche in Fühlung zu kommen zur Untersuchung der verschiedenen Gefährlichkeit von Gleich- und Wechselstrom und der Behandlung von Beschädigten. Da es zweckmäßig erschien, diese Angelegenheit weiterzuverfolgen, wurden 1906 Budde, Dettmar, Passavant und Weber beauftragt, sich mit den preußischen Behörden und mit dem Reichsgesundheitsamt in Verbindung zu setzen. Von Passavant und Pohl wurden dem Reichsgesundheitsamte Vorschläge, die sich ausschließlich auf technische Fragen bezogen, unterbreitet, während die medizinischen Fragen von den Sachverständigen dieser Behörde erledigt wurden. Eine so entstandene neue Fassung der Vorschriften fand 1907 die Genehmigung durch den Verband; da das Reichsgesundheitsamt den Wunsch ausgesprochen hatte, seine Mitarbeiterschaft zu kennzeichnen, wurde dem Titel der Vorschriften der Vermerk angefügt: „Aufgestellt unter Mitwirkung des Reichsgesundheitsamts".

Eine sehr umfangreiche Arbeit, die durch ein besonderes Bahnkomitee erledigt wurde, stellen die in Anlehnung an die Sicherheitsvorschriften aufgestellten Bahnvorschriften dar. Unter Mitwirkung von Vertretern der Straßenbahngesellschaften und der Firmen, welche Bahnen bauen, wurden 1900 erstmalig „Sicherheitsregeln für elektrische Bahnanlagen" aufgestellt. Nachdem im folgenden Jahre verschiedene Änderungen berücksichtigt waren, genehmigte die Jahresversammlung 1901 den neuen Wortlaut als „Sicherheitsvorschriften für elektrische Bahnanlagen". Schon 1904 war es notwendig, unter Hinzuziehung von Bahnspezialisten und des Vereins für Klein- und Straßenbahnen die Bahnvorschriften neu zu bearbeiten.

Als im Jahre 1905 das preußische Ministerium der öffentlichen Arbeiten daran ging, für die seiner Aufsicht unterstellten Straßenbahnen und straßenbahnähnlichen Kleinbahnen neue Bau- und Betriebsvorschriften zu erlassen, erklärte es sich auf Ansuchen des Verbandes deutscher Straßen- und Kleinbahnverwaltungen und des Verbandes Deutscher Elektrotechniker bereit, in die zu erlassende Verordnnung keine besonderen Einzelheiten über die elektrischen Einrichtungen der Bahne aufzunehmen, sondern nur auf die Vorschriften des Verbandes Deutscher Elektrotechniker als Normen zu verweisen, und diese wurden als Anlage der betreffenden Verordnung beigegeben. Dem Verbande Deutscher Elektrotechniker wurde es auch überlassen, die Vorschriften weiter mit den Fortschritten der Technik im Einklang zu halten; die Regierung stellte in Aussicht, die in bestimmten Zeiträumen vorzuschlagenden Änderungen jeweils gutzuheißen. Als eine wesentliche Bedingung hierfür wurde aber verlangt, daß die Vorschriften für Bahnen, die bis dahin nur in Form einer Ergänzung zu den allgemeinen Sicherheitsvorschriften bestanden hatten, zu einem in sich abgeschlossenen, von anderen Bestimmungen unabhängigen Werk ausgestaltet würden. Diese Arbeit wurde im Juli 1906 fertiggestellt und von der Jahresversammlung des Verbandes Deutscher Elektrotechniker genehmigt.

Auf Grund von Vorarbeiten der Vereinigung der Elektrizitätswerke wurden im Jahre 1903 von einem Unterkomitee „Vorschriften für die Herstellung und Unterhaltung von Holzgestängen für elektrische Starkstromanlagen" aufgestellt und als Anhang zu den Sicherheitsvorschriften vom Verbande angenommen. 1907 wurden als Umarbeitung dieser Vorschriften die „Normalien für Freileitungen" aufgestellt, welche auf die beim Bau von Anlagen inzwischen gesammelten Erfahrungen und auf ausführliche Versuche des Preußischen Materialprüfungsamtes gegründet waren. Einigen kleineren Änderungen, die sich als nötig erwiesen hatten, stimmte die Jahresversammlung 1911 zu. Eine Neufassung der „Normalien für Freileitungen" war nach der Entwickelung der Überlandleitungen 1912 notwendig geworden. Sie wurde im Arbeitsjahr 1912/13 in sehr eingehender Arbeit durchgeführt und fand die Bewilligung der Jahresversammlung 1913; verschiedene Wünsche wurden hier dem Unterkomitee zur weiteren Berücksichtigung mitgeteilt.

Eine von der Kommission im Jahre 1905 geleistete Arbeit betraf die bei und nach Bränden zu empfehlenden Maßnahmen. Auf Anregung der Vereinigung der Elektrizitätswerke wurden hierzu Ergänzungen ausgearbeitet, durch die auch die Freileitungen, auf welche sich bisher die erste Fassung nicht bezogen hatte mit berücksichtigt wurden. Der neue Text gelangte auf der Jahresversammlung 1910 zur Annahme.

Die Vereinigung der Elektrizitätswerke hatte sich mit der Frage einheitlicher Bedingungen für Starkstromkreuzungen mit Bahnen und Schwachstromleitungen befaßt und den Verband zur Mitarbeit eingeladen. Die Angelegenheit wurde vom Vorstand dem Bahnkomitee zur Bearbeitung überwiesen. Dieses hat dann weitere Arbeiten unter Hinzuziehung von Vertretern der in Frage kommenden Behörden und von Fachmännern auf diesem Spezialgebiete durchgeführt. Nach sehr schwierigen Verhandlungen, bei denen naturgemäß der Standpunkt der beteiligten Behörden gehört und berücksichtigt wurde, kam 1908 eine endgültige Fassung zustande. Unter dem Titel „Allgemeine Vorschriften für die Ausführung elektrischer Starkstromanlagen bei Kreuzungen und Näherungen von Bahnanlagen" und „Allgemeine Vorschriften für die Ausführung und den Betrieb neuer elektrischer Starkstromanlagen (ausschließlich der elektrischen Bahnen) bei Kreuzungen und Näherungen von Telegraphen- und Fernsprechleitungen" wurde sie 1908 als Verbandsvorschriften angenommen.

Infolge eines bei der Kommission gestellten Antrages aus den Kreisen der rheinisch-westfälischen Industrie wurden für die in elektrischen Anlagen am häufigsten gebrauchten Warnungstafeln bestimmte Texte und äußere Formen festgelegt und 1910 als „Normalien für häufig gebrauchte Warnungstafeln" herausgegeben.

Der Generalsekretär hat 1910 empfohlen, sich mit der Aufstellung von „Leitsätzen für die Herstellung und Einrichtung von Gebäuden bezüglich Versorgung von Elektrizität" zu beschäftigen. Ein Unterkomitee der Kommission für Errichtungsvorschriften hat diese Leitsätze ausgearbeitet, die 1910 durch die Jahresversammlung Annahme fanden. Um sie möglichst in allen interessierten Kreisen bekanntzumachen, wurden sie Verordnungs- und Amtsblättern, Tageszeitungen und Fachzeitschriften zum Abdruck zugesandt. Mit den Architekten trat man in Verbindung und alle staatlichen und städtischen Baubehörden wurden ersucht, die Leitsätze als Richtlinien bei Neu- und Umbauten vorzuschreiben.

Im Jahre 1911 wurden von dem Königlich Sächsischen Bergamt dem Verband „Grundsätze für die Ausführung von Schlagwetter-Schutzvorrichtungen an elektrischen Maschinen und Apparaten" übersandt und um eine Äußerung über ihre Zweckmäßigkeit gebeten. Der Vorstand beschloß, diese Arbeit der Kommission für Errichtungs- und Betriebsvorschriften zu überweisen, welche hierbei das ständige Bergwerkskomitee hinzuzuziehen hätte. Die von der Kommission nach eingehender Vorberatung durch das Bergwerkskomitee aufgestellten „Leitsätze für die Ausführung von Schlagwetter-Schutzvorrichtungen an elektrischen Maschinen, Transformatoren und Apparaten" wurden von der Jahresversammlung 1912 als Verbandsnormalien angenommen.

Ein Unterkomitee der Kommission bearbeitete 1912 „Leitsätze über den Anschluß von Schwachstromanlagen an Starkstromnetze".

Der Minister für Handel und Gewerbe hatte dem Verbande ein Merkblatt über das Verhalten des Publikums gegenüber elektrischen Freileitungen als Entwurf eingesandt und zur Äußerung aufgefordert. Dieser Entwurf wurde einer gründlichen Durcharbeitung unterzogen und das Resultat bekanntgegeben. Die Kommission für Errichtungsvorschriften, welche mit der Arbeit betraut war, war dabei der Ansicht, das Resultat nicht nur dem Minister mitzuteilen, sondern es auch als getrennte

Arbeit des Verbandes weiterzuführen. Diese Art der Behandlung wurde in Übereinstimmung mit dem Ministerium für Handel und Gewerbe durchgeführt und das Merkblatt auf der Jahresversammlung 1914 angenommen. Das Merkblatt wurde dann mit Hilfe aller in Betracht kommender Stellen, insbesondere der Behörden und Schulen in größtem Umfange verbreitet.

Ein Unterkomitee arbeitete 1913 „Leitsätze für die Konstruktion und Prüfung elektrischer Handapparate" aus. Diese Arbeit war dadurch bedingt, daß für Apparate, welche in die Hände von Laien kommen, schärfere Vorschriften sich als notwendig erwiesen hatten, um Unfälle zu verhüten. Annahme fanden diese Leitsätze auf der Jahresversammlung 1914.

Mehrfach war ferner die Kommission ersucht worden, Vorschriften von anderen Organisationen einer Revision zu unterziehen; so z. B. von Feuerversicherungsgesellschaften und Berufsgenossenschaften.

Eine Fülle von Arbeit ist bei der Lösung verschiedener weiterer Aufgaben geleistet worden, die selbst zu keinem praktischen Ergebnis geführt haben oder noch nicht abgeschlossen werden konnten. Zu allen die Elektrotechnik berührenden Fragen hat die Kommission, soweit es sich um ihr Arbeitsgebiet handelt, Stellung genommen und hat oft anregend auf die Arbeiten der anderen Kommissionen gewirkt.

Aus der Menge dieser verschiedenen weiteren Arbeiten seien zum Schluß noch erwähnt:

Kennzeichnung der Starkstromfreileitungen für Luftschiffer, Leitsätze über elektromedizinische Apparate, Kennzeichnung der Polarität von Leitungen, Anschluß von Moorelichtanlagen, Revision elektrischer Anlagen, Leitungsführung durch Forsten.

Die Kommission besteht zur Zeit aus folgenden Mitgliedern: Alvensleben, Bundzus, Fleischmann, v. Gaisberg, Goerges, Groß, Gunderloch, Himmelheber, Hoechtl, Huffmann, Jäger, Klingenberg, Litzrodt, Lux, Montanus, Noetel, Overmann, Passavant, Perls, Schaefer, Schröder, Schrottke, Singer, Stotz, Taaks, Vogel, Vogelsang, Weber (Vorsitz), Wentzke, Wilkens, Wittfeldt, Zapf.

Vertreter des Vereins Deutscher Straßenbahn- und Kleinbahnverwaltungen: Fethke, Hoff, Otto, Paulsmeier, Stahl, Wolff.

Dem Bergwerkskomitee gehören an: Brion, Dettmar, Enke, Fritsche, Goetze, Kloetzer, Philippi, Rittershaus, Schwantke, Siemens, Soeder, Vogel, Weber, Winckhaus. Zu den Beratungen des Bergwerkskomitees entsenden Vertreter: die kgl. Oberbergämter Bonn, Breslau, Clausthal, Dortmund, Halle, Freiberg, München, kgl. Bergwerksdirektion Saarbrücken, kgl. Generaldirektion der Berg-, Hütten- und Salzwerke, München; Ministerium für Elsaß-Lothringen, Abt. des Innern, Straßburg im Elsaß.

Das Komitee für Betriebsvorschriften besteht aus folgenden Vertretern: Verband Deutscher Elektrotechniker: Alvensleben, Schröder; Vereinigung der Elektrizitätswerke: Engelmann, Wilkens; Deutscher Braunkohlen-Industrieverein: Fischer; Verein für die bergbaulichen Interessen im Oberbergamtsbezirk Dortmund: Enke; Elektrotechnischer Verein am Niederrhein: Seyfferth; Verein zur Wahrung der Interessen der chemischen Industrie Deutschlands: Khern; Verein Deutscher Eisenhüttenleute: Vahle; Nordwestliche Gruppe des Vereins Deutscher Eisen- und Stahlindustrieller: Börnecke; Oberschlesischer Berg- und Hüttenmännischer Verein: Vogel.

Kommission für das Submissionswesen.

Auf der Jahresversammlung 1894 stellte E. Naglo den Antrag:

„Der Verband wolle eine hauptsächlich aus Vertretern elektrotechnischer Firmen bestehende Kommission erwählen, deren Aufgabe es sein soll, Vorschläge zu machen, in welcher Weise die bei Ausschreibung von elektrischen Anlagen hervorgetretenen Mißstände, besonders die durch unentgeltliche Ausarbeitung von Kostenanschlägen und Projekten entstehende Überlastung der technischen Abteilungen der Elektrotechnischen Fabriken zu beseitigen seien."

Die Herren Bissinger, Budde, Clouth, Eltzbacher, Genest, Grebel, Hamburger, Kaselowski, Kummer, Müller, Naglo, Salomon, Schwabe und Söder wurden in diese Kommission gewählt; sie hat mehrere Sitzungen abgehalten, auch wertvolles Material zur Frage des Submissionswesens gesammelt. Schließlich wurden vier Resolutionen gefaßt, die den namhaftesten Firmen der Elektroindustrie zugestellt wurden.

Über die Tätigkeit der Kommission berichtete Naglo auf der Jahresversammlung 1895 in München. Die Kommission wurde zwar für das nächste Jahr weiter bestätigt, hat jedoch ihre Tätigkeit nicht mehr aufgenommen.

Kommission für Kupfernormalien.

Im Anschluß an seinen Vortrag „Über die spezifische Leitfähigkeit des Kupfers, ein Vorschlag zur Einführung einer einheitlichen Bezeichnungsweise" stellte J. Teichmüller auf der Leipziger Jahresversammlung von 1894 den Antrag, „eine Kommission zu ernennen, welche über die Einführung einer einheitlichen Bezeichnungsweise für die spezifische Leitungsfähigkeit des Kupfers (und der anderen Metalle) im besonderen über die Brauchbarkeit des Megaohmzentimeters hierfür beraten und ihre Entscheidung dem Verbande der Elektrotechniker Deutschlands sobald als möglich vorlegen soll".

Um die Zahl der Kommissionen nicht zu vermehren wurde zunächst dieser Antrag der bereits bestehenden Kommission für Einführung einheitlicher Kontaktgrößen und Schrauben zur Erwägung und Berichterstattung überwiesen. Wegen Überlastung dieser Kommission sah man sich jedoch bald genötigt, mit Genehmigung des Verbandsvorstandes eine neue zu bilden, in welcher die Firmen: Allgemeine Elektrizitäts-Gesellschaft, Siemens & Halske, Heddernheimer Kupferwerke und Felten & Guilleaume sowie alle zum Verbande gehörigen Vereine vertreten waren. Die Herren Feussner, Kapp und Teichmüller wurden zu den Beratungen zugezogen.

In mehreren Sitzungen der Kommission, an denen als Vertreter der Kupferindustrie Herr Poreth teilnahm, wurden „Kupfernormalien" aufgestellt, mit denen sich die bedeutendsten Kupferwerke Deutschlands einverstanden erklärten. Auf der Jahresversammlung 1896 wurden sie als Verbandsnormalien angenommen.

Spätere Änderungen sind von der Draht- und Kabel-Kommission durchgeführt worden.

Glühlampen-Kommission.

Der Dresdener Elektrotechnische Verein stellte 1896 beim Verbande den Antrag, „zur Beratung der Glühlampenfrage" eine Kommission einzusetzen. Ihre Aufgabe sollte darin bestehen, die Ursachen der vielfach laut gewordenen Klagen über Glühlampen zu untersuchen, auch sollten einheitliche Lieferungsbedingungen für Glühlampen festgelegt werden.

Zu Mitgliedern der „Glühlampen-Kommission" wurden von der Jahresversammlung gewählt als Hersteller: die Herren Bussmann, Heller, Dihlmann, Fleischhacker, Pintsch, Swan- Kalk, ferner je ein Vertreter der Süddeutschen Glühlampen-Werke, München-Pasing, und der Rheinischen Glühlampenfabrik Sirius, als Verbraucher: die Herren Mamroth und Feuerlein, ferner je ein Vertreter der Firmen E. A. G. Schuckert, Helios, Naglo, Lahmeyer, Kummer, drei Mitglieder der Vereinigung der Elektrizitätswerke und als Unparteiische die Herren Epstein, Kallmann und die Physikalisch-Technische Reichsanstalt.

Die Kommission hatte bereits 1897 ihre Arbeiten über Normalien und Lieferungsbedingungen durchgeführt.

Die Frage der photometrischen Messungen war einem Unterausschuß unter dem Vorsitz Professor Feussners übertragen worden. Hier wurden „Vorschriften für die Lichtmessung an Glühlampen" aufgestellt, die als vorläufige Regeln von der Jahresversammlung angenommen wurden; „Photometrische Einheiten", die vom Elektrotechnischen Verein gemeinsam mit dem Verein der Gas- und Wasserfachmänner aufgestellt waren, wurden nach Prüfung durch den Unterausschuß vom Verbande übernommen.

Die von der Kommission aufgestellten Lieferungsbedingungen für Glühlampen begegneten Schwierigkeiten, da die Vereinigung der Elektrizitätswerke den ausgearbeiteten Entwurf nicht als brauchbare Lösung betrachtete und einen abgeänderten Entwurf in Aussicht stellte. Dieser wurde auch im November 1898 vorgelegt und als Unterlage für die weiteren Beratungen zusammen mit der bereits vorhandenen Ausarbeitung der Kommission benutzt. Bei den Verhandlungen konnte aber keine Einigung erzielt werden. Deshalb wurde der Jahresversammlung 1899 empfohlen, die Frage der Qualitätsbedingungen im Handelsverkehr den Herstellern und Abnehmern zu überlassen, und man beschloß, von weiterer Behandlung der Angelegenheit in einer Kommission Abstand zu nehmen.

Normalien-Kommission.

Die Glühlampenfabrikanten regten 1897 beim Verbande an, die Herstellung des Edisongewindes nach Normalien in die Wege zu leiten. Der Ausschuß veranlaßte auf der Jahresversammlung 1897 in Eisenach die Einsetzung einer Kommission zur Bearbeitung dieser Anträge. Als Mitglieder wurden gewählt die Herren Bußmann, Dihlmann, Fleischhacker, Heller, Hundhausen, Jordan (Berlin), Jordan (Bremen), Schirner, Schulz, Seubel, Voigt.

Bereits 1898 wurden auf der Jahresversammlung „Normalien für Glühlampenfüße und Fassungen mit Edisongewinde" vorgelegt und angenommen; im folgenden Jahre wurden Änderungen dieser Vorschriften und „Normalien für Glühlampenfüße und Fassungen mit Bajonettkontakt" und „Normalien für Steckkontakte" probeweise auf ein Jahr angenommen.

Die Physikalisch-Technische Reichsanstalt erklärte sich auf Ansuchen des Verbandes bereit, die nach den Verbandsnormalien angefertigten Lehren auf ihre Richtigkeit zu prüfen, und von der Firma J. E. Reinecker in Chemnitz wurde die Herstellung der entsprechenden Kaliberlehren aufgenommen.

1900 wurde die Normalien-Kommission aufgelöst, da sie ihre Aufgabe beendet hatte; weitere Arbeiten wurden von der Kommission für Materialprüfung ausgeführt (siehe S. 34).

R. Ulbricht
Vorsitzender 1902—1904

Wirtschaftliche Kommission.

Gelegentlich der Jahresversammlung 1898 setzte der Verband auf Antrag von A. Fleischhacker-Dresden einen Ausschuß von 21 Mitgliedern ein, dem die Aufgabe gestellt wurde, wirtschaftliche Fragen, welche die Interessen der elektrotechnischen Industrie berührten, zu bearbeiten. Von diesem Ausschuß wurde je ein Unterausschuß für das damals zur Beratung stehende Telegraphen-Wegegesetz, für die Vorbereitung der Handelsverträge und für die Aufstellung einer Produktionsstatistik der elektrotechnischen Industrie gebildet.

Der Unterausschuß für das Wegegesetz stellte die Wünsche der beteiligten Kreise zusammen und bemühte sich, sie auch bei der Reichspostverwaltung und der zuständigen Reichstagskommission zur Geltung zu bringen. Eine vom Vorstand an den Reichstag gerichtete Eingabe hatte zwar nicht in allen Punkten den gewünschten Erfolg. In der Hauptsache jedoch gelang es den Bemühungen des Verbandes, die nach dem Gesetzentwurf zu befürchtenden Hemmungen von der Elektroindustrie abzuwenden: die Reichspostverwaltung entschloß sich grundsätzlich zur Anlage von Doppelleitungen für Telegraphenlinien, und so war der Entwickelung der Starkstromleitungen freie Bahn gelassen.

Der zweite Unterausschuß hatte 1899 Gelegenheit, an der außerordentlich wichtigen Arbeit der vom Reichsamt des Innern veranstalteten produktionsstatistischen Erhebungen dadurch mitzuwirken, daß er den Fragebogen für die elektrotechnische Industrie aufstellte, der jenen Erhebungen zugrunde gelegt wurde.

Als vor Ablauf des Jahres 1899 bekannt wurde, daß die Reichsregierung demnächst mit dem Entwurf eines neuen Zolltarifs hervortreten würde, sah sich die Kommission vor umfangreiche Arbeiten von großer Wichtigkeit gestellt; es wurde die Mitwirkung eines volkswirtschaftlich gebildeten, namentlich in Zollangelegenheiten erfahrenen Bearbeiters notwendig. In Herrn Dr. Bürner, dessen Anstellung zunächst auf die Dauer eines Jahres die Zustimmung des Verbandsvorstandes fand, wurde eine geeignete Kraft gefunden. An Stelle des früheren Unterausschusses für Handelsverträge wurde nun je einer für Zollwesen (Vorsitzender Direktor Mamroth) und für Elektrizitätsrecht (Vorsitzender Kammerpräsident Hentig) gebildet. Nachdem durch eine Rundreise des Herrn Dr. Bürner eingehende Unterlagen über die besonderen wirtschaftlichen Verhältnisse der Industrie und über die Ansichten der Verbandsmitglieder gesammelt waren, wurde zu dem vom Reichsschatzamt ausgearbeiteten „Entwurf einer neuen Anordnung des Deutschen Zolltarifs" in dem die Elektroindustrie nicht genügend berücksichtigt war, ein Gegenentwurf ausgearbeitet. Zahlreiche Wünsche, Abänderungs- und Ergänzungsvorschläge der Industrie über den Abschluß der neuen Handelsverträge und anderes wertvolles Material konnten alsbald von dem Bearbeiter den Kommissionsmitgliedern zur weiteren Beschlußfassung vorgelegt werden.

Die endgültigen Vorschläge des Unterausschusses wurden den zuständigen Reichsbehörden übergeben, und den von der Kommission zur Vertretung entsandten Sachverständigen gelang es, bei einer gemeinsamen Beratung mit den beteiligten Reichsämtern und preußischen Ministerien die Wünsche der Elektroindustrie so überzeugend zur Geltung zu bringen, daß die Vorschläge mit wenigen Abänderungen in den endgültigen amtlichen Entwurf des Zolltarifschemas aufgenommen wurden.

Eine wichtige Vorarbeit für die Neuregelung des Zolltarifs und den Abschluß der Handelsverträge war auch eine Eingabe an den Reichskanzler, die die Kommission für den Vorstand des Verbandes vorbereitete, um die Ausdehnung der deutschen Ein- und Ausfuhrstatistik auf die 13 wichtigsten Gruppen der elektrotechnischen Erzeugnisse zu begründen. Die Reichsregierung suchte die Mängel der deutschen Ein- und Ausfuhrstatistik dadurch zu beseitigen, daß sie bei einer produktionsstatistischen Erhebung die Gesamterzeugung von 58 elektrotechnischen Einzelerzeugnissen nach Menge und Verkaufswert erfragte.

Der Unterausschuß für Elektrizitätsrecht bearbeitete zunächst den Entwurf eines Gesetzes über die Bestrafung der Entziehung elektrischer Arbeit, nachdem der Verband in einer an den Reichskanzler gerichteten Eingabe vom 22. Januar 1897 die gesetzgeberische Behandlung des Diebstahls an Elektrizität angeregt hatte.

Ferner wurde zu der Handhabung des Gesetzes über die elektrischen Maßeinheiten Stellung genommen, als im Reichsamt des Innern eine Sachverständigen-Konferenz die Ausführungsbestimmungen zu diesem Gesetz beriet (siehe auch Zählerkommission S. 45). Die Mitglieder des Unterausschusses, die an dieser Konferenz teilnahmen, wirkten auftragsgemäß dahin, daß zunächst nur eine freiwillige Beglaubigung der Elektrizitätsmesser beschlossen, die Einführung des Beglaubigungszwanges aber nach Möglichkeit hinausgeschoben werde. Die Reichsregierung trug diesem Wunsche in ziemlich weitem Maße Rechnung.

Schließlich nahm die wirtschaftliche Kommission verschiedentlich Veranlassung, beteiligten Firmen und Personen Mitteilungen handelspolitischen Inhalts, amtliche Unterlagen über wichtige wirtschaftliche Vorgänge im Auslande, Ausschreibungen und dergleichen zugehen zu lassen. Um die Allgemeinheit und besonders die Behörden mit Wünschen und Interessen der Elektrotechnik bekannt zu machen, wurde ferner Verbindung mit der Tagespresse unterhalten.

Für die Behandlung wirtschaftlicher Fragen wurden 1900 vom Verbande dem Vorstand acht vom Ausschuß zu bestimmende Verbandsmitglieder als stimmberechtigter Beirat zugewiesen. Vorstand und Beirat konnten gemeinschaftlich von Fall zu Fall weitere Mitglieder wählen. Hierdurch waren die Kommissionsarbeiten über wirtschaftliche Angelegenheiten beendet.

Bei den weiteren Verhandlungen über Zollpolitik zeigte es sich, daß die wirtschaftspolitischen Bestrebungen der verschiedenen Verbandsmitglieder nicht immer in gleicher Richtung gingen; es erschien deshalb zweckmäßig, daß der Verband als solcher Gegenstände dieser Art nicht in ausgesprochener Stellungnahme und richtunggebend bearbeitete. — In Anbetracht der Wichtigkeit dieser Frage wurde eine besondere Sitzung des Ausschusses auf den 28. Dezember 1900 einberufen und ein von der folgenden Jahresversammlung 1901 bestätigter Beschluß gefaßt, Aufgaben rein wirtschaftlicher Art bis auf weiteres im Verbande nur informatorisch zu bearbeiten. —

Kommission für Installationsmaterial, früher Kommission für Materialprüfung.

Die Elektrotechnische Gesellschaft in Frankfurt a. M. schlug 1899 vor, zu erwägen, ob und in welcher Weise Prüfung von Apparaten und Materialien stattfinden und ob hierfür eine Materialprüfungsstelle geschaffen werden könnte.

Die Aufstellung der Sicherheitsvorschriften hatte außerordentliche Schwierigkeiten z. T. deshalb gemacht, weil die zur Herstellung elektrischer Anlagen verwendeten Materialien noch nicht als einwandfrei erachtet wurden. Als notwendige Folgerung hieraus erschien die Aufstellung von Normen für eine Prüfung der in den elektrotechnischen Erzeugnissen verarbeiteten Baustoffe. Auf der Jahresversammlung 1899 wurde hierfür eine Kommission eingesetzt, deren Mitglieder Déguisne, Epstein, Feuerlein, May, Müller, Passavant, Peschel und Seubel waren. Diese Kommission klärte zunächst Fragen über die Art und grundsätzliche Begrenzung der geplanten Arbeit.

Nach diesen vorbereitenden Besprechungen wurde 1901 eine neue Kommission mit enger bemessener Aufgabe gebildet aus den Herren Dihlmann, Jordan (Berlin), Leichtenschlag, Prücker, Seubel und Tellmann. Die von dieser Kommission im Jahre 1902 aufgestellten „Vorschriften für die Konstruktion und Prüfung von Installationsmaterial" wurden von der Jahresversammlung probeweise auf ein Jahr angenommen. Sie gewannen bald große Bedeutung für die Entwicklung der kleineren Apparate und bildeten den Grundstock für die weitere Ausbildung der Bestimmungen über Installationsmaterial. Die Vorschriften umfaßten: Dosen-Aus- und Umschalter, Glühlampenfassungen mit und ohne Hahn, Stöpselsicherungen bis zu 60 A und Steckkontakte. Änderungen dieser Vorschriften wurden 1903 und 1904 beschlossen.

1906 wurden von der Kommission, welche inzwischen den Namen „Kommission für Installationsmaterial" angenommen hatte, neu bearbeitet die „Normalien für Steckvorrichtungen" und die „Normalien für Stöpselsicherungen mit Edisongewinde". Neu aufgestellt wurden die „Normalien über Isolierrohre mit Metallmantel". Die „Normalien für Steckvorrichtungen" wurden später erweitert durch Bearbeitung der dreipoligen Steckvorrichtungen; ferner wurden neu hinzugefügt die „Normalien für Lampenfüße und Fassungen mit Edison-Mignon-Gewindekontakt".

Infolge der Neufassung der Errichtungsvorschriften 1908 mußten auch die „Vorschriften für die Konstruktion und Prüfung von Installationsmaterial" einer völligen Umarbeitung unterzogen werden. Gleichzeitig wurden „Normalien für Stöpselsicherungen mit großem Edisongewinde" und „Normalien für Fassungsnippel" fertiggestellt.

Die Physikalisch-Technische Reichsanstalt führte auf Antrag der Kommission Versuche über das Altern von Sicherungsschmelzdrähten durch; Professor Orlich nahm an den Arbeiten einer zu diesem Zweck gebildeten Unterkommission als Vertreter der Reichsanstalt teil.

Das Arbeitsgebiet der Kommission für Installationsmaterial war inzwischen so umfangreich geworden, daß zur Bearbeitung der einzelnen Fragen eine Anzahl ständiger Unterkommissionen eingesetzt werden mußte. Eine derselben war mit den Prüfungsvorschriften für künstliche Isolationsmaterialien beauftragt worden. Da es sich aber im Laufe der Verhandlungen zeigte, daß sich hieraus eine sehr umfangreiche Arbeit entwickeln würde, wurde der Jahresversammlung 1909 vorgeschlagen, eine neue Kommission für Isolierstoffe zu bilden. (Näheres hierüber s. S. 46.)

In den folgenden Jahren wurden eine Reihe früherer Kommissionsarbeiten überprüft und neueren Erfahrungen und Versuchsergebnissen entsprechend geändert. — Eine wichtige Anregung, die von der Kommission ausging, veranlaßte damals auch die Bekämpfung reparierter Sicherungen, die seither vom V. D. E. nicht außer acht gelassen worden ist und merkliche Erfolge, wenn auch noch keine völlige Beseitigung aller minderwertigen Ausführungen erreicht hat.

Aus der Kommission, welche auch allmählich die Bearbeitung von größeren Schaltapparaten in Angriff genommen hatte, zweigte sich im Jahre 1911 die Kommission für Schaltapparate ab, die nunmehr die größeren Apparate als besonderes Arbeitsgebiet zugewiesen erhielt. (Näheres hierüber ,s. S. 50.)

Der Jahresversammlung 1912 wurden als größere Neubearbeitungen vorgelegt: Änderungen an den „Normalien für zwei- und dreipolige Steckvorrichtungen" und „Vorschriften und Regeln für die Konstruktion und Prüfung von Glühlampenfassungen und Lampenfüßen".

Eine sehr umfangreiche Arbeit war die Neugestaltung der „Vorschriften für die Konstruktion und Prüfung von Installationsmaterial", die im Zusammenhang mit der großen Umarbeitung der Errichtungsvorschriften 1914 vorgenommen wurde. Bei dieser Gelegenheit wurden alle inhaltlich in das Arbeitsgebiet der Kommission fallenden früheren Einzelbestimmungen in eine einheitliche große Arbeit zusammengefaßt.

Da in gleicher Weise die Vorschriften über Schaltapparate neu herausgegeben wurden, so war inhaltlich und äußerlich ein Abschluß jahrelanger Arbeiten geschaffen worden. Viele wertvolle Einzelheiten, die bei den Beratungen und Versuchen erörtert, aber als zu weitgehend nicht in die Vorschriften mit aufgenommen waren, hatten einzelne Mitglieder im Auftrage der Kommission. schon früher in erläuternden Aufsätzen der Allgemeinheit zugänglich gemacht. Diese wurden nun zusammengefaßt, ergänzt und ausgestaltet und (gemeinsam für Installationsmaterial, Schaltapparate und Hochspannungsapparate) im Auftrage des Verbandes als Erläuterungen von G. Dettmar herausgegeben.

Die Kommission besteht zur Zeit aus den Mitgliedern: Bundzus, Dettmar (Vorsitz), Edelmann, Eswein, Hermanni, Hoechtl, Hoepp, Jaeger, Klement, Lux, Meyer, Montanus, Perls, Ruppel, Schneider, Wentzke, Wunder, Zaudy.

Um die Beachtung der Verbandsvorschriften zu fördern, hat die Kommission für Installationsmaterial im Jahre 1912 einen Vorschlag zur Kennzeichnung verbandsmäßigen Materials gemacht, dem sich auch die Kommission für Koch- und Heizapparate, für Schaltapparate, für Hochspannungsapparate und die Drahtund Kabelkommission angeschlossen haben. Die in der „ETZ" veröffentlichte Resolution hat folgenden Wortlaut:

> „Die Kommissionen sprechen den Wunsch aus, daß alle Firmen, welche elektrotechnische Materialien und Apparate verbrauchen, bei Neuherstellung der Preislisten, Flugblätter und sonstiger Drucksachen künftig bei jedem Gegenstand, der den jeweils gültigen Vorschriften und Normalien des Verbandes Deutscher Elektrotechniker entspricht, einen diesbezüglichen Vermerk machen."

Alle namhaften Firmen haben es übernommen, diesem Wunsch in Zukunft zu entsprechen. — In weiterem Verfolg dieser Bestrebungen wurde nunmehr in Aussicht genommen, eine geeignete Stelle zu schaffen, welche eine Kontrolle des Marktes ausüben und dadurch den Verbandsvorschriften erweiterte Berücksichtigung sichern sollte.

Über die früheren Anregungen zur Schaffung einer solchen Prüfstelle ist Näheres in den Ausführungen über die Schaltapparate-Kommission gesagt. Der Vorstand setzte zur Behandlung dieser Frage einen besonderen kleinen Ausschuß ein, welcher auch die wesentlichen Vorarbeiten abgeschlossen hat. Die endgültige Erledigung wurde jedoch durch den Krieg hinausgeschoben.

Kommission zur magnetischen Prüfung von Eisenblechen.

Im Jahre 1899 stellte Professor Dr. Epstein im Auftrage der Elektrotechnischen Gesellschaft zu Frankfurt a. M. auf der Jahresversammlung des Verbandes den Antrag, daß der Verband Deutscher Elektrotechniker sich mit der Eisenblechuntersuchung beschäftigen solle. Zwischen den Firmen, welche Dynamos und Transformatoren bauten, und ihren Blechlieferanten herrschten beständig Schwierigkeiten hinsichtlich der Beurteilung der Eisenbleche, weil für die Feststellung von deren Eigenschaften keine eindeutigen einheitlichen Methoden und Einrichtungen vorhanden waren. Es wurde eine Kommission gebildet aus den Herren: von Dolivo-Dobrowolsky, Epstein, Feldmann, Kath, Möllinger, Rohde, Stern. Zu den Beratungen sollten ferner hinzugezogen werden je ein Vertreter der Physikalisch-Technischen Reichsanstalt und der Stahl- und Eisenindustrie.

Zunächst wurden eingehende Versuche über die Genauigkeit und Vergleichbarkeit der Eisenverlustmessungen nach verschiedenen Methoden und bei Ausführung an verschiedenen Stellen unternommen. Als vorläufiger Abschluß dieser Arbeiten wurden der Jahresversammlung 1901 „Normalien für die Prüfung von Eisenblech" zur vorläufigen Annahme vorgelegt; nach einigen Änderungen erfolgte die endgültige Annahme 1903. Die geänderte Fassung der zu den Normalien herausgegebenen Ausführungsbestimmungen wurde zunächst nur auf ein Jahr angenommen. Nebenbei beschäftigten sich die Kommissionsmitglieder mit der praktischen Erprobung und Vervollkommnung der Prüfmethoden und -apparate und mit Alterungsversuchen, Arbeiten, an denen Professor Gumlich von der Physikalisch-Technischen Reichsanstalt regsten Anteil nahm. Umfangreiche Untersuchungen, um den Einfluß verschiedener Zusammensetzung und Behandlung des Eisens zu klären, wurden unter Mitwirkung der Hüttenwerke von der Physikalisch-Technischen Reichsanstalt durchgeführt. Der Verband betätigte sein besonderes Interesse daran durch eine Beteiligung an den Kosten in Höhe von 5000 M.

Nach erfolgter Änderung der Normalien im Jahre 1905 wurde die Kommission nicht wieder gewählt, da sie ihre Aufgabe erfüllt hatte. Mit den „Normalien für die Prüfung von Eisenblech" beschäftigte sich später die Maschinennormalien-Kommission (siehe S. 39).

Draht- und Kabel-Kommission.

Auf der Jahresversammlung zu Kiel 1900 stellte Dr. Passavant den Antrag „eine besondere Kommission mit der Feststellung allgemeiner Grundsätze zu betrauen, nach denen Leitungsdrähte und Kabel zu prüfen und bezüglich ihrer Verwendbarkeit bei der Installation elektrischer Anlagen zu beurteilen seien. Der Vorstand wird ermächtigt, eine vorläufige Kommission, bestehend aus Berliner Mitgliedern zu ernennen, welche die vorbereitenden Arbeiten übernimmt."

Dieser Antrag wurde unter anderem damit begründet, daß Drähte und Kabel, die bei Installationen Verwendung fänden, nicht immer den Grad von Güte besäßen, der den Sicherheitsvorschriften entspräche. Die von der Sicherheitskommission des Verbandes Deutscher Elektrotechniker getroffenen Bestimmungen hätten sich daher nicht in allen Fällen durchführen lassen, so daß es dringend notwendig erscheine, die Voraussetzungen für ihre Durchführbarkeit zu sichern.

So war der Anlaß zur Bildung der Draht- und Kabel-Kommission gegeben, die seitdem besteht und eine der wichtigsten Kommissionen des Verbandes geworden ist. Da die Vereinigung der Elektrizitätswerke, die an der Schaffung guter Kabel besonderes Interesse hatte, sich zur gleichen Zeit mit der Normalisierung von Kabeln beschäftigte, so wurden diese Bestrebungen zusammengefaßt und die auf Passavants Antrag eingesetzte Kommission gebildet aus Vertretern der Vereinigung der Elektrizitätswerke und der Fabrikanten unter Beteiligung außerhalb dieser Gruppen stehender Fachleute. Die ersten Mitglieder der Kommission waren Passavant, Pohl, Prücker, Singer, Tellmann, Uppenborn, Wilkens, Zapf.

Über die Begründung zu dem Antrag Passavants, die sachlichen Unterlagen zu den ersten Arbeiten sowie über die Entwicklung der Kommission ist alles Wesentliche in den Erläuterungen enthalten, die Dr. Apt im Jahre 1915 zu der letzten Fassung der Normalien vom Jahre 1914 herausgegeben hat.

Das zunächst geäußerte Bedürfnis, Grundsätze für Prüfung und Beurteilung von Drähten und Kabeln sowie allgemeingültige Belastungzahlen festzulegen, führte bald zu einer Aufstellung eingehender Konstruktionsnormalien, die, anfangs auf wenige Leitungsarten beschränkt, in jahrelanger Arbeit zu den 1914 angenommenen und fast das ganze Gebiet umfassenden „Normalien für isolierte Leitungen in Starkstromanlagen" ausgestaltet wurden. Ganz besondere Schwierigkeiten waren zu überwinden, um für die Sicherheit und Leistungsfähigkeit der Gummiisolierhüllen Bedingungen zu schaffen, welche eine Gewähr für die in den Errichtungsvorschriften geforderte Sicherheit der Anlagen bieten konnten. Sie konnten nur durch die Forderung einer bestimmten Zusammensetzung des Materials im Zusammenhang mit der elektrischen Prüfung gefunden werden, eine in ihrer Art einzige Bestimmung unter allen Vorschriften des Verbandes, in denen sonst im allgemeinen nur die grundsätzlichen Mindestforderungen festgelegt werden, die zu erfüllen sind, ohne daß der Weg, auf dem der einzelne diesen Forderungen nachkommen kann, genau bestimmt ist.

Außer den Normalien für Leitungen und Kabel bearbeitete die Kommission noch die früher von einer besonderen Kommission behandelten Kupfernormalien, die mehrfachen Änderungen unterworfen und im Jahre 1913 der inhaltlich übereinstimmenden Fassung der von der „Internationalen Elektrotechnischen Kommission" angenommenen Kupfernormalien angepaßt wurden. Ferner befaßte sich die Kommission mit der vom Elektrotechnischen Verein aufgestellten Definition der elektrischen Eigenschaften gestreckter Leiter und veranlaßte deren Annahme durch den Verband.

Nachdem die Arbeiten der Kommission auf der Jahresversammlung 1914 durch Annahme der sechsten Fassung der Normalien für isolierte Leitungen und Starkstromanlagen und der dritten Fassung der Kupfernormalien einen gewissen Abschluß gefunden hatten, machte sich die Einwirkung des Krieges sehr schnell auf ihrem Arbeitsgebiet geltend, so daß sie als erste von den Verbandskommissionen an die Bearbeitung der im letzten Abschnitt geschilderten Kriegsaufgaben herantrat.

Die Kommission setzt sich jetzt aus folgenden Mitgliedern zusammen: Apt, Breisig, Cassirer, Craemer, Germershausen (Vorsitz), Humann, Montanus, Passavant, Schalkau, Schrottke, Singer, Teichmüller, Tellmann, Vogel, Wilkens, Zapf.

Maschinen-Normalien-Kommission.

In einem auf der Jahresversammlung 1900 in Kiel gehaltenen Vortrage wurde von G. Dettmar gezeigt, wie groß das Bedürfnis nach Normen für den elektrischen Maschinenbau war. Auf Grund dieses Vortrages und eines vom Hannoverschen Elektrotechnischen Verein gestellten Antrages setzte die Jahresversammlung eine Kommission zur Aufstellung von Normen für die Bestimmung und Angabe von Leistung, Erwärmung, Wirkungsgrad usw. von elektrischen Maschinen ein, die Dettmar, von Dolivo-Dobrowolsky, Eßberger, Gaa, von Goeben, Görges, Heubach, Kapp und Rhode bildeten. Die Arbeit wurde im Oktober 1900 aufgenommen und in mehreren Kommissionssitzungen so schnell gefördert, daß schon auf der Jahresversammlung 1901 die „Maschinennormalien" angenommen werden konnten. Die erste Fassung bewährte sich gut und konnte zehn Jahre lang mit einigen nicht sehr erheblichen Änderungen und Ergänzungen beibehalten werden. Im Jahre 1911 hielt man dann aber den Zeitpunkt für gekommen, die Normalien den Fortschritten der Technik durch eine gründliche Neubearbeitung anzupassen. Sie wurde unter Mitwirkung des Vereins Deutscher Ingenieure in Angriff genommen, der die Wünsche seiner sämtlichen Bezirksvereine hinsichtlich der Maschinennormalien für den Verband sammelte und zu den Sitzungen der Kommission einen Vertreter entsandte.

Die neue Fassung sollte schon der Jahresversammlung 1912 vorgelegt werden. Im Ausschuß des Verbandes hielt man es aber für richtiger, den Entwurf einer nochmaligen Bearbeitung zu unterziehen; die Vorlage wurde daher an die Kommission zurückverwiesen. Insbesondere wurde nun gemäß dem Beschluß des Ausschusses für Einheiten und Formelgrößen und dem der Internationalen Elektrotechnischen Kommission die einheitliche Angabe der Leistung in Kilowatt eingeführt, auch für Motoren an stelle der bis dahin üblichen Bezeichnung in Pferdestärke. Weiter wurde auch mit dem American Institute of Electrical Engineers, welches gleichfalls mit einer Änderung seiner Maschinennormalien beschäftigt war, Fühlung genommen. Die auf Grund dieser Neubearbeitung entstandene Fassung wurde von der Jahresversammlung 1913 angenommen.

Ende 1902 wandte sich die Schiffbautechnische Gesellschaft an den Verband mit dem Ansuchen, die Frage zu studieren, ob sich Stromart und Spannung der Starkstromanlagen auf Schiffen allgemein festsetzen ließen, da durch eine derartige Normierung die Verwendung von Elektrizität auf Schiffen erheblich gefördert werden würde. Diese Fragen schienen dem Vorstande so wichtig, daß er die Maschinennormalien-Kommission beauftragte, Vorschläge zu Normen für Schiffsanlagen auszuarbeiten. Als Sachverständige wurden den Beratungen Marinebaumeister Grauert (Reichsmarineamt) und Marinebaumeister a. D. Schulthess zugezogen.

Das Ergebnis der Arbeiten, die „Normalien für die Verwendung der Elektrizität auf Schiffen" wurde 1904 von der Jahresversammlung genehmigt.

Anfang 1905 regte L. Schüler in der Elektrotechnischen Gesellschaft zu Frankfurt a. M. an, einheitliche Bedingungen für den Anschluß von Motoren an Elektrizitätswerke aufzustellen, da die Berücksichtigung der vielen verschiedenen Forderungen, die von den Elektrizitätswerken gestellt wurden, eine zuweitgehende Zersplitterung und damit Verteuerung und Verlangsamung in der Fabrikation verursachte. Die Frankfurter Gesellschaft beschäftigte sich mit diesem Vorschlag zunächst in einem eigenen Ausschuß und regte daraufhin bei dem Verbande die

Bearbeitung einheitlicher Anschlußbedingungen in Gemeinschaft mit der Vereinigung der Elektrizitätswerke an. Auf der Jahresversammlung 1905 wurde dieser Antrag angenommen und der Kommission für Maschinennormalien überwiesen. Sie hat auf Grund des von der Elektrotechnischen Gesellschaft zu Frankfurt a. M. eingereichten Materials die Aufgabe gemeinschaftlich mit einer von der Vereinigung der Elektrizitätswerke eingesetzten Kommission bearbeitet. Der Jahresversammlung 1906 wurde ein Entwurf zu „Normalen Bedingungen für den Anschluß an Motoren an öffentliche Elektrizitätswerke" vorgelegt und von ihr wie auch von der Generalversammlung der Vereinigung der Elektrizitätswerke angenommen. Mit dem oben erwähnten Beschluß, die Leistung von Motoren nur noch in kW anzugeben, ist eine Umarbeitung der Anschlußbedingungen nötig geworden, die jedoch infolge des Krieges noch nicht durchgeführt werden konnte.

Eine weitere Arbeit der Maschinennormalien-Kommission sind die „Normalien für die Bezeichnung von Klemmen bei Maschinen, Anlassern, Regulatoren und Transformatoren." Früher hatte jede Firma ein eigenes System zur Bezeichnung der Klemmen von Maschinen, der dazugehörigen Apparate und Transformatoren. Um diese Angaben verstehen zu können, war man stets auf das beigegebene Schema angewiesen. War dieses nicht zur Stelle, so waren die Bezeichnungen in der Regel unverständlich, und man mußte durch Probieren die richtige Schaltung herausfinden. Der Dresdener Elektrotechnische Verein brachte in Erkenntnis dieser Schwierigkeiten beim Verband die Schaffung einheitlicher Klemmenbezeichnungen in Anregung und die Erledigung dieser Arbeit wurde der Maschinennormalien-Kommission übertragen, die unter weitgehender Mithilfe der fabrizierenden Firmen einen Entwurf ausarbeitete. Die Normalien wurden von der Jahresversammlung 1908 angenommen. Die einheitlichen Klemmenbezeichnungen haben sich sehr schnell bei den Firmen eingeführt, so daß sie jetzt allgemein in Anwendung sind.

Im Jahre 1910 beauftragte der Vorstand die Maschinennormalien-Kommission mit einer Revision der „Normalien für die Prüfung von Eisenblech", die im Jahre 1901 aufgestellt worden waren (s. S. 37). Die Kommission setzte daraufhin einen besonderen Ausschuß von Sachverständigen ein und bat den Verein Deutscher Eisenhüttenleute, Vertreter zu diesen Beratungen zu entsenden. Auch die Physikalisch-Technische Reichsanstalt hat sich an den Verhandlungen ständig beteiligt und die Arbeit durch Ausführung umfangreicher Messungen wie durch Mitteilung der bei ihr gesammelten Erfahrungen gefördert. Der neue Wortlaut der „Normalien für die Prüfung von Eisenblech" fand 1910 die Billigung der Jahresversammlung.

Kommissionsmitglieder sind zur Zeit: Boveri, Dettmar (Vorsitz), Eßberger, Fahrmbacher, Falkenstein, Feigl, Fuhrmann, Hillebrand, Görges, Heubach, Linke, Schüler, Vogel, Wolschke, Zähringer.

Patent-Kommission.

Auf der Jahresversammlung 1899 hielt Rechtsanwalt Dr. Katz einen Vortrag über „Die patentamtliche Vorprüfung und die Organisation der Rechtsprechung in Patentsachen"; eine rege Erörterung schloß sich an, in der die große augenblickliche Bedeutung des Gegenstandes zum Ausdruck kam.

Im Mai 1900 fand dann in Frankfurt a. M. unter Beteiligung aus allen Kreisen der Industrie ein Kongreß statt, der sich mit der Reform des Patentwesens befaßte und über den auf der Versammlung des Verbandes Deutscher Elektrotechniker im selben Jahr Dr. Katz berichtete. Die aufgeworfenen Fragen schienen der

E. Budde

Vorsitzender 1904—1906 und 1910—1912
Ehrenmitglied seit 1912

Versammlung so wichtig, daß sich auch der Verband mit ihnen beschäftigen sollte; es wurde zu dem Zwecke eine Kommission eingesetzt, bestehend aus den Herren Corsepius, Gobanz, Hamburger, Hettler, Katz, Licht, Meyer, Müllendorf, Richter; sie sollte zusammen mit dem Verein Deutscher Ingenieure und dem Elektrotechnischen Verein auf eine Abänderung des Patentgesetzes hinwirken. Diese beiden Vereine hatten sich in besonderen Kommissionen bereits mit dem Gegenstande befaßt.

1901 wurde die Patent-Kommission in Form eines vorberatenden Ausschusses aus den Herren Hamburger, von Hefner - Alteneck, Hettler, W. v. Siemens, Sluzewsky neu gebildet; es wurde ihm überlassen, ein Arbeitsprogramm aufzustellen.

Das Patenterteilungs-Verfahren und das deutsche Prüfungssystem wurden beraten und geprüft, ohne daß diese Arbeiten jedoch zu einem praktischen Ergebnis führten.

1904 fanden dann gemeinsame Beratungen mit dem Verein für den Schutz des gewerblichen Eigentums statt. Dieser Verein hatte eine Denkschrift über Inhalt und Ausgestaltung des deutschen Patentrechtes herausgegeben. Auf Veranlassung der Kommission wurde diese Denkschrift an eine Anzahl Vereine und Firmen zur Beurteilung geschickt.

Erst 1908 aber beschäftigten wieder Patentangelegenheiten die Jahresversammlung. Es wurde eine neue Kommission eingesetzt, bestehend aus den Herren Arco, Aron, Collischon, Fischer, George, Hamburger, Hartmann-Kempf, Hesse, Strasser, Vogelsang; sie sollte sich im Anschluß an die Vorschläge des Deutschen Vereins für den Schutz des gewerblichen Eigentums mit der Neugestaltung des Patentgesetzes befassen. Eine Beschränkung wurde ihr auferlegt: sie sollte zur Frage des Besitzrechtes von Erfindungen nicht Stellung nehmen.

Die Kommissionsmitglieder hatten zunächst Teilsitzungen in Berlin und Frankfurt; in Gesamtsitzungen in Berlin wurden dann die endgültigen Beschlüsse gefaßt, die als „Abänderungsvorschläge für das Patentgesetz" veröffentlicht wurden.

Die Protokolle der Sitzungen wurden denjenigen amtlichen Stellen eingereicht, von denen man wünschte, daß sie die Beweggründe, die zu den Beschlüssen geführt hatten, genauer kennen lernten.

1909 wurde diese Kommission aufgelöst, da sie ihren Auftrag erledigt hatte.

Erdstrom-Kommission.

Der Vorstand des Deutschen Vereins von Gas- und Wasserfachmännern hatte 1899 den Verband aufgefordert, die elektrolytische Einwirkung vagabundierender Bahnströme untersuchen zu lassen. Daraufhin wurde diesem Verein eine Anzahl Sachverständiger als Mitglieder zu einer gemeinsamen Kommission vorgeschlagen.

Der Elektrotechnische Verein hatte ebenfalls eine Kommission für die Untersuchung der Rückströme elektrischer Bahnen eingesetzt, auch war die Aufstellung von einigen grundlegenden Vorschriften bereits in Angriff genommen worden. Die in den Vorarbeiten gesammelten Unterlagen stellte der Elektrotechnische Verein dem Verbande 1901 mit dem Antrage zur Verfügung, der Verband möge sich mit der Ausarbeitung von Vorschriften zur Verhütung elektrolytischer Zerstörungen durch Erdrückströme elektrischer Bahnen befassen. Die Jahresversammlung 1901 setzte demzufolge eine Kommission von folgenden Herren ein: von Dolivo-Dobrowolsky, Ebert, von Gaisberg, Gunderloch, Kallmann, Kapp, Michalke, Rathenau, Schiemann, Ulbricht, Uppenborn, West.

In Gemeinschaft mit dem Deutschen Verein für Gas- und Wasserfachmänner und dem Verein für Klein- und Straßenbahnverwaltungen wurden die Beratungen aufgenommen und bei der Ausarbeitung von Vorschriften die Gutachten der bahnbauenden Firmen eingeholt.

Da langjährige Erfahrungen noch nicht vorlagen, glaubte die Kommission zunächst von der Aufstellung fester Vorschriften absehen zu müssen und legte das Ergebnis der Beratungen der Jahresversammlung 1903 in Form von Leitsätzen vor, die zunächst probeweise auf 2 Jahre angenommen wurden. Von dem Kommissionsmitgliede Michalke wurde zu diesen Leitsätzen ein ausführlicher Kommentar ausgearbeitet, der als Broschüre herausgegeben wurde.

1905 und 1906 wurden die Leitsätze wiederum auf je ein Jahr angenommen, nachdem sich die Kommission inzwischen davon überzeugt hatte, daß die in ihnen zum Ausdruck gebrachten Grundsätze richtig wären.

Es wurden dann gemeinsam mit der Vereinigung der Straßen- und Kleinbahnverwaltungen und den Gas- und Wasserfachmännern unter finanzieller Beteiligung des V. D. E. experimentelle Untersuchungen vorgenommen.

Eine mit diesen Vereinen 1907 neu gebildete Vereinigte Erdstrom-Kommission führte ein umfangreiches Arbeitsprogramm durch und beschäftigte sich besonders mit der Prüfung und Beurteilung besonders charakteristischer Gas- und Wasserrohrnetze, bei welchen der Einfluß vagabundierender Ströme vorhandener Straßenbahnen zu beobachten war.

Bei diesen Untersuchungen, mit denen Dipl.-Ing. Besig und Reg.-Baumeister Buschbaum betraut waren, wurden die Erdstromverhältnisse in Kassel, Nürnberg, Braunschweig, Warschau, im Oberschlesischen Industriebezirk und in Düsseldorf geprüft. Die Prüfungen erstreckten sich über die Zeit von Ende 1906 bis zum Frühjahr 1910; über jede ist ein umfangreicher Bericht erstattet worden.

Auf Grund dieser Arbeiten wurden von der Vereinigten Erdstrom-Kommission „Vorschriften zum Schutze der Gas- und Wasserröhren gegen schädliche Einwirkungen der Ströme elektrischer Gleichstrombahnen, die die Schienen als Leiter benutzen", aufgestellt. 1910 wurden diese Vorschriften von der Jahresversammlung des Verbandes für 2 Jahre angenommen und 1911 Erläuterungen dazu herausgegeben.

1912 wurde die Erdstrom-Kommission des Verbandes aufgelöst und eine kleinere Kommission aus den Herren Buschbaum, Gunderloch, Michalke, Otto und Wilkens gebildet, die in der Vereinigten Erdstrom-Kommission mitgewirkt hatten. Die Vorschriften wurden für weitere 2 Jahre angenommen. Diese Kommission besteht seither, und da einige Wünsche nach Abänderungen eingingen, wurde 1914 die Gültigkeit der Vorschriften nur auf ein weiteres Jahr verlängert und eine Umarbeitung beschlossen. Durch den Ausbruch des Krieges wurden die bereits wieder aufgenommenen Arbeiten unterbrochen.

Wegegesetz-Kommission.

Von der Jahresversammlung 1904 wurde im Anschluß an einen Vortrag von Dr. Fick über die Notwendigkeit eines Starkstrom-Wegegesetzes eine Kommission aus den Herren Bieber, Christiani, Imhoff, Leib, Matt, Thierbach,

Thomas, Ulbricht mit der Aufgabe eingesetzt, gemeinsam mit der Vereinigung der Elektrizitätswerke einen Entwurf für ein solches Gesetz auszuarbeiten; ein Jahr darauf war diese Arbeit so weit vorgeschritten, daß der Entwurf den Vereinen zur Begutachtung vorgelegt werden konnte. Auf Grund eingegangener Äußerungen wurden Leitsätze für die einheitliche Regelung der den öffentlichen Starkstromanlagen einzuräumenden Rechte in bezug auf die Benutzung von Verkehrswegen und Privateigentum aufgestellt. Sie fanden aber nicht die Genehmigung des Ausschusses, da Bedenken gegen das darin vorgeschlagene Enteignungsverfahren vorlagen. Eine nochmalige Durcharbeitung ergab die neue Fassung eines Starkstromwegegesetzes unter Verzicht auf das Enteignungsverfahren. Dieser im Dezember 1906 fertiggestellte Entwurf wurde von Justizrat Dr. Katz vom juristischen Standpunkte aus geprüft und eine ergänzende Denkschrift dazu von Direktor Matt-Neusalza fertiggestellt.

Nachdem die Hamburger Jahresversammlung von 1907 den Entwurf genehmigt hatte, sollte er vom Verbande und von der Vereinigung der Elektrizitätswerke der Regierung eingereicht werden. Hierzu kam es aber nicht, da die Jahresversammlung der Vereinigung der Elektrizitätswerke dem Entwurf nicht zustimmte, so daß die Angelegenheit von neuem einem Unterausschuß zur Behandlung übergeben wurde.

Nach gemeinsamen langwierigen Verhandlungen einigte man sich auf einen abgeänderten Entwurf eines Starkstromwegegesetzes, der mit einer Erläuterung 1909 dem Reichsamt des Innern eingereicht wurde. Die Preußische Regierung forderte daraufhin die nachgeordneten Behörden zur Äußerung auf, aber vom Deutschen Städtetag sowie vom Deutschen Vereine der Gas- und Wasserfachmänner liefen beim Verbande Anträge ein, die sich zum Teil gegen den Entwurf aussprachen; sie hatten eine Eingabe von seiten der Kommission an die Regierung im Jahre 1911 zur Folge.

Die Verhandlungen der Kommission mit dem Reiche zur gesetzlichen Regelung der Wegegesetzfrage haben bisher zu keinem Ergebnis geführt; die Kommission besteht noch, da zu erwarten ist, daß die ganze Angelegenheit durch eine grundsätzliche Regelung aller Elektrizitätsfragen erledigt wird, wobei sich allerdings die einzelnen Bundesstaaten eine Sondergesetzgebung vorbehalten haben.

Kommissionsmitglieder sind: Haas, Klug, Imhoff, Leib, Passavant, Schimpff, Siegel, Ulbricht, Wertenson (Vorsitz).

Kommission für Lichtmessung.

Auf der Jahresversammlung 1904 regte J. Teichmüller an, Aufgaben der Lichtmessung im Verbande zu bearbeiten. Zu gleicher Zeit befaßte sich auf einen Antrag der Allgemeinen Elektrizitäts-Gesellschaft die Vereinigung der Elektrizitätswerke mit der Aufstellung von Normen für die Lichtstärke von Bogenlampen. Es wurde in der Bogenlampentechnik allgemein als Unannehmlichkeit empfunden, daß es an allgemeingültigen Durchschnittsangaben mangelte und bei der Leistung von Garantien über Lichtstärken der Willkür Tür und Tor geöffnet war.

Die Vereinigung setzte zur Behandlung dieser Fragen eine Kommission aus den Herren Overmann, Passavant, Thomas und Uppenborn ein und ermächtigte deren Vorsitzenden, bei dem Verband Deutscher Elektrotechniker die Aufnahme gemeinsamer Arbeiten auf diesem Gebiete anzuregen.

Auf der Jahresversammlung des Verbandes 1905 gab Dr. Norden einen Überblick über die Unzulänglichkeiten der Maße, Messungen und Namenbezeichnungen in der elektrischen Beleuchtung und teilte die Wünsche der Vereinigung hierzu mit. Daraufhin wurde eine neue Kommission für Bogenlampen-Lichtmessung gebildet aus den Herren Kallmann, Norden, Teichmüller, Wedding und je einem Vertreter der Firmen Siemens-Schuckert, Körting & Mathiesen und Hartmann & Braun. In Gemeinschaft mit den Vertretern der Vereinigung der Elektrizitätswerke arbeitete diese Kommission „Normalien für Bogenlampen" und „Vorschriften für die Photometrierung von Bogenlampen" aus.

Die Kommission stellte ferner eine Verständigung mit den Beleuchtungstechnikern des Gasfaches her. Die Grundsätze der „Normalien für Bogenlampen" wurden von dem Deutschen Verein der Gas- und Wasserfachmänner zur sinngemäßen Anwendung auf die Starklichtquellen der Gasindustrie für geeignet gefunden. Eine derartige Verständigung hatte besonderen Wert zur Vermeidung von Irrtümern und Unklarheiten in dem Wettbewerb, den durch die außerordentlichen Fortschritte der Gastechnik die einzigen bisher bekannten Starklichtquellen, die Bogenlampen, mit dem hängenden Gasglühlicht und dem Preßgas zu bestehen hatten.

1909 wurden „Einheitliche Bezeichnungen für Bogenlampen" festgelegt. Durch sie sollte die gegenseitige Verständigung über Bogenlampen erleichtert werden, die wegen der außerordentlichen Mannigfaltigkeit der Formen, Systeme und Fabrikate mit der Zeit recht schwierig geworden war.

Die Kommission befaßte sich außerdem eingehend mit einer Reihe einzelner wissenschaftlicher und technischer Fragen, die das Wesen der Lichtmessung und die Eignung und Verbesserung der Meßmethoden und Meßapparate betrafen. Sie ergänzte ferner die „Normalien für die Lichtstärke von Bogenlampen" durch „Normalien für die Beurteilung der Beleuchtung von Straßen- und Innenräumen". Auch die Lichtmessung von Quecksilberdampflampen und verschiedenfarbigen Lichtquellen wurde in Aussicht genommen. Einen Hauptteil der Tätigkeit nahm im Jahre 1910 die Umänderung und Erweiterung der von der Glühlampen-Kommission 1897 aufgestellten „Vorschriften für die Lichtmessung an Glühlampen" und der photometrischen Einheiten in Anspruch.

Im Zusammenhang mit den sehr umfangreichen Arbeiten über Glühlampen- und Bogenlampenmessungen beschäftigte sich die Kommission mit den für die Praxis zu benutzenden Meßapparaten und Meßmethoden, so mit den von Utzinger durchgeführten Messungen mit diffus reflektierenden Meßplatten und mit der im Weberschen Photometer benutzten Meßplatte für durchfallendes Licht. Wegen der großen Bedeutung und stetig wachsenden Anwendung der Ulbrichtschen Kugel wurden die Eigenschaften verschiedener Kugel-Streichfarben geprüft. 1913 wurden eingehende Arbeiten über die Messung der Lichtstärke von röhrenförmig ausgebildeten Lichtquellen, insbesondere für Moorelicht durchgeführt, deren Ergebnis die „Vorschriften für Messung der Lichtstärke von röhrenförmig ausgebildeten Lichtquellen" waren.

Weiter hat die Kommission über internationale Bezeichnungen von Beleuchtungsangaben beraten.

Zur Bewältigung ihrer umfangreichen Aufgaben, von denen eine ganze Anzahl noch der Erledigung harrt, hat die Kommission eine Reihe von Sonderausschüssen gebildet, deren Tätigkeit aber auch durch den Krieg unterbrochen ist.

Zur Zeit besteht die Lichtkommission aus folgenden Mitgliedern: Bloch, Bujes, Feuerlein, Görges, Heyck, Liebenthal, Monasch, Norden,

Paulus, Mey, Remané, Rumenapp, Schaller, Teichmüller, Ulbricht, Utzinger, Voege, Wedding (Vorsitz), Wissmann. Vertreter der Vereinigung der Elektrizitätswerke sind: Birrenbach, Klein und Wunder.

Kommission für Elektrizitäts-Zähler.

Bereits in den Jahren 1897 und 1899 hatte sich der Verband in Gutachten und Eingaben an die Regierung mit einem Gesetze über elektrische Maßeinheiten beschäftigt. In einer Vorstandssitzung am 11. Dezember 1903 schnitt dann F. Uppenborn die Frage der obligatorischen Eichung von Zählern an, da diese nach seinen Erfahrungen schon nach einjährigem Gebrauch nicht mehr richtig zeigten und deshalb nachgeeicht werden müßten. Auch von der Physikalisch-Technischen Reichsanstalt war eine gesetzliche Regelung der Zählerprüfung schon in Erwägung gezogen worden.

Nach eingehenden Verhandlungen konnte sich 1904 der Verband mit Vorschlägen der Physikalisch-Technischen Reichsanstalt über Prüfungsmethoden einverstanden erklären; wegen der Eichung von Elektrizitätszählern wurden gewisse Normen als wünschenswert bezeichnet, die eine Zwangseichung vermeiden sollten.

Im Frühjahr 1905 wandte sich die Reichsanstalt an die Zählerfabrikanten, um Entwürfe für Regeln zu erhalten, die Beschreibungen und Zeichnungen zu den Anträgen auf Systemprüfungen sowie die Einrichtung der zur Beglaubigung bestimmten Elektrizitätszählersysteme betreffen sollten. Da solche Regeln die ganze Zählerindustrie in gleichem Maße interessierten, lud der Vorstand die dem Verbande angehörenden Zählerfabrikanten zu einer Konferenz ein; ihre Beschlüsse wurden der Reichsanstalt übermittelt.

Für weitere Verhandlungen wurde 1906 eine Zähler-Kommission unter Passavants Vorsitz aus Teilnehmern der früheren Besprechungen gebildet.

Anlaß zu Beratungen gab im Herbst 1908 eine Eingabe der elektrischen Prüfämter, welche die Frage der Zwangseichung wieder aufrollte. Die Kommission des Verbandes, sowie die zuständige Kommission der Vereinigung der Elektrizitätswerke waren übereinstimmend der Meinung, daß nach wie vor die Zwangseichung nicht erwünscht und ferner eine laufende Kontrolle der Zähler durch die Prüfämter undurchführbar und überaus kostspielig sei. Daher wurde der Präsident der Physikalisch-Technischen Reichsanstalt gebeten, vor endgültigen Schritten zur Festlegung einer Prüfordnung oder der Zählereichung die durch Verband und Vereinigung vertretene Industrie zur Mitwirkung heranzuziehen.

Nach einer Änderung in der Zusammensetzung der Kommission, die fortan Fabrikanten und Verbraucher gleichmäßig umfassen sollte, wurden vorläufige Leitsätze für die Bedingungen, denen Elektrizitätszähler bei der Beglaubigung genügen müssen, ausgearbeitet und fanden die Genehmigung der Jahresversammlung von 1910. Sie wurden der Physikalisch-Technischen Reichsanstalt mit der Bitte überreicht, die in den Kreisen der Technik entstandenen Vorschläge zu prüfen und zwecks weiterer Erörterung zu gemeinsamer Besprechung Gelegenheit zu geben. Dem Wunsche, daß an den weiteren Arbeiten der Zähler-Kommission über Strom- und Spannungswandler, sowie über Höchstverbrauchsmesser ein Vertreter der Physikalisch-Technischen Reichsanstalt ständig teilnehmen sollte, wurde bereitwilligst entsprochen.

Über die Prüfung von Meßwandlern führte die Reichsanstalt sehr genaue und gründliche Versuche durch, wobei die beteiligte Industrie weitgehendste Unterstützung gewährte; sie sind, soweit Stromwandler in Frage kamen, 1913 zum Abschluß gelangt und haben zu einer Meßmethode geführt, die auf der Verwendung des Vibrationsgalvanometers begründet ist. Um die einheitliche und bequeme Anwendung der Prüfung in der Praxis zu erleichtern, wurde auch nach Anleitung der Reichsanstalt eine geeignete, sehr leicht zu bedienende Meßeinrichtung ausgebildet. — In gleicher Weise wurden Prüfmethoden und -einrichtungen für die Prüfung von Spannungswandlern von der Reichsanstalt, insbesondere in Versuchen der Herren Dr. Schering und Dr. Alberti ausgearbeitet und von der Industrie übernommen. —

„Leitsätze für die Bedingungen, denen Elektrizitätszähler bei der Beglaubigung genügen müssen", sowie „Leitsätze für die Bedingungen, denen Meßwandler bei der Beglaubigung genügen müssen", wurden gemeinsam mit der Physikalisch-Technischen Reichsanstalt entworfen. Formelle Beschlüsse des Verbandes waren hierüber nicht zu fassen, da für Erlaß bindender Bestimmungen auf diesem Gebiete die Reichsbehörden zuständig sind.

Im Einverständnis mit der Physikalisch-Technischen Reichsanstalt wurde aber die Jahresversammlung 1914 aufgefordert, ihre Zustimmung zu diesen Leitsätzen zu geben, um zum Ausdruck zu bringen, daß durch die in gemeinsamer Beratung mit den Vertretern der Reichsanstalt entstandenen Bestimmungen den vom Verbande und der Vereinigung der Elektrizitätswerke an diese gerichteten Anträgen in vollem Umfange entsprochen und daß damit die 1910 beschlossene Fassung der Leitsätze ungültig geworden sei.

Die Kommission besteht zur Zeit aus folgenden Mitgliedern: Passavant; Vertreter der Physikalisch-Technischen Reichsanstalt: Schering, Schmidt; Allgemeine Elektrizitätsgesellschaft: Heilborn; Siemens-Schuckert-Werke G. m. b. H.: Balzer, Möllinger; H. Aron, Elektrizitäts-Ges. m. b. H.: Gottschalk.; Bergmann-Elektrizitätswerke A.-G.: Schwarz; Vertreter der Solar-Zählerwerke m. b. H., Hamburg, Schott u. Gen., Jena, Isaria-Zählerwerke A.-G., München, Körting & Mathiesen, Leutzsch-Leipzig, für die Vereinigung der Elektrizitätswerke: Ely, Germershausen, Singer, Warrelmann.

Kommission für Isolierstoffe.

Bei den Beratungen der Kommission für Installationsmaterial über Prüfungsvorschriften für künstliche Isolierstoffe zeigte sich bald, daß es sich um eine sehr umfangreiche, für die Elektrotechnik äußerst wichtige Arbeit handeln würde. Daher schlug die Kommission 1909 der Cölner Jahresversammlung vor, für Isolierstoffe eine neue Kommission zu bilden und dieser die Weiterarbeit zu übertragen. In die neue Kommission wurden die Herren Dettmar, Edelmann, Klement, Passavant, Paulus, Rose, Schneider und Thieme gewählt.

Die Kommission veranlaßte zunächst planmäßige Vorarbeiten. Dem Königlichen Material-Prüfungsamt und der Physikalisch-Technischen Reichsanstalt wurde eine größere Anzahl Proben der im Handel befindlichen künstlichen Isolierstoffe zur Begutachtung übermittelt. Die Kosten dieser Versuche trugen die beteiligten Firmen; die Ergebnisse wurden der Kommission für ihre weiteren Arbeiten zur Verfügung gestellt und von Passavant in einem ausführlichen Bericht veröffentlicht.

Die Aufgabe, die sich für die Kommission hiernach abgrenzbar ergab, bestand zunächst in der Wahl von Prüfmethoden, nach denen die Eigenschaften der künstlichen Isolierstoffe festzustellen sind; im Anschluß hieran mußte ein Schlüssel, eine wenn möglich zahlenmäßige Einteilung gefunden werden, nach der die mechanischen, physikalischen und chemischen Eigenschaften einzeln und in verschiedenen Zusammenstellungen für die mannigfaltigen Zwecke des elektrotechnischen Apparatebaues zu bewerten sind.

Der erste Teil der Aufgabe wurde durch die dankenswerte Mitarbeit der Physikalisch-Technischen Reichsanstalt und des Materialprüfungsamtes gelöst. Es wurden nicht nur die Prüfvorschriften aufgestellt, sondern auch zur einheitlichen Durchführung der Prüfungen in der Praxis bestimmte Prüfapparate festgelegt, mit denen die Fabriken selber arbeiten. Die Prüfvorschriften wurden in einer gleichfalls für die industrielle Praxis bestimmten abgekürzten Form 1913 der Jahresversammlung in Breslau zur Genehmigung vorgelegt und für zwei Jahre angenommen; an den sehr eingehenden Beratungen hatten sich auch die Fabrikanten der Isolierstoffe lebhaft beteiligt.

Der zweite Teil der Arbeit, die Klassifizierung der künstlichen Isolierstoffe, wurde danach von einem besonderen Unterausschuß begonnen, ist aber infolge des Krieges noch nicht zur Durchführung gekommen.

1914 wurde die Prüfung der Lichtbogensicherheit, ein einzelner kleiner Abschnitt der Prüfvorschriften, einer Neubearbeitung unterzogen und dementsprechend der Wortlaut der Vorschriften geändert.

Die Kommission besteht zur Zeit aus folgenden Mitgliedern: Edelmann, Hoepp, Klement, Meyer, Orlich, Passavant (Vorsitz), Paulus, Schneider; als Vertreter des Materialprüfungsamtes Heyn, als Vertreter der Physikalisch-Technischen Reichsanstalt Schering.

Kommission für Monteurfortbildung.

Aus dem praktischen Bedürfnis heraus, das Betriebspersonal entsprechend den Fortschritten der Elektrotechnik weiterzubilden und mit den erweiterten Verbandsbestimmungen, besonders den Betriebsvorschriften, vertraut zu machen, waren an mehreren Orten Fortbildungskurse für Monteure und Wärter elektrischer Anlagen veranstaltet worden. Es erschien zweckmäßig, diese Kurse einheitlich zu gestalten, an möglichst vielen Stellen abzuhalten und als sachliche Unterlage dafür die Verbandsarbeiten zu benutzen. Auf Antrag Dettmars wurde 1909 eine Kommission aus den Herren Bender, Benisch, Bussmann, Epstein, Montanus und Wille mit der Ausarbeitung geeigneter Unterlagen und Anweisungen für die Ausgestaltung solcher Lehrgänge beauftragt. Die Kommission entwarf „Leitsätze nebst Erläuterungen, betreffend die einheitliche Errichtung von Fortbildungskursen für Starkstrom-Monteure und Wärter elektrischer Anlagen." Die nach Berücksichtigung eingegangener Abänderungsvorschläge endgültig ausgearbeitete Fassung wurde 1910 durch die Jahresversammlung des Verbandes angenommen.

Diese Leitsätze sind dann den Vereinen übergeben worden, die zum Teil regelmäßige Kurse einrichteten oder deren Einrichtung veranlaßten oder unterstützten. Der Erfolg war sehr gut. Der Unterricht war stark besucht, und mit den Veranstaltungen wurden überall die besten Erfahrungen gemacht. Da die Leitsätze sich durchaus bewährten und Änderungen sich nicht als notwendig erwiesen, konnte die Kommission ihre Aufgabe als erfüllt betrachten und sich 1913 auflösen.

Kommission zum Studium der Beeinflussung von Schwachstromleitungen durch Hochspannungsanlagen.

Die Reichs-Telegraphenverwaltung beabsichtigte 1909, Versuche über die Beeinflussung der Schwachstromleitungen durch Hochspannungsanlagen anzustellen. Auf Grund einer Zuschrift des Herrn Krohne an die Elektrotechnische Zeitschrift regte Herr Strecker beim Verbande an, bei dem Reichspostamt eine Beteiligung an diesen Versuchen vorzuschlagen, die auch angenommen wurde. Eine Kommission aus den Herren Dettmar, Kuhlmann, Rasch, Schrottke, Schürer, Stern, Wilkens wurde mit der Durchführung der Aufgabe beauftragt.

Mittels Versendung von Fragebogen an eine große Zahl von Elektrizitätswerken und aus eingehender Durchsicht der Fachliteratur sammelte man zunächst Unterlagen für ein planmäßiges Arbeiten. 1912 fanden dann Versuche der Reichspostverwaltung in den Anlagen des Märkischen Elektrizitätswerks Eberswalde-Heegermühle statt, an denen sich die Kommission beteiligte.

Auf Grund dieser Versuche wurde ein Entwurf zu „Leitsätzen betreffend die Beeinflussung von Schwachstromleitungen durch Niederspannungs- und Hochspannungsanlagen" aufgestellt, dem Erläuterungen beigegeben wurden; einen Abschluß haben diese Arbeiten noch nicht gefunden.

Außerdem wurde in Aussicht genommen, auch „Leitsätze betreffend Beeinflussung von Schwachstromanlagen durch Wechselstrombahnen" auszuarbeiten.

Mangels genügender Unterlagen konnte man auch an die Lösung dieser Aufgabe noch nicht herantreten; die betreffenden Arbeiten werden nach dem Kriege weitergeführt werden.

Die Kommission besteht zur Zeit aus den Mitgliedern: Brauns, Dettmar (Vorsitz), Ebeling, Kuhlmann, Litzrodt, Rasch, Schrottke, Schürer, Stern, Wilkens, Winkelmann.

Kommission für die praktische Ausbildung von Studierenden.

Der Verein Deutscher Maschinenbauanstalten regte 1909 beim Verbande an, die elektrotechnischen Fabriken zur Herausgabe von Bestimmungen zu veranlassen über die Einstellung von Studierenden in Werkstätten behufs praktischer Ausbildung, wie solche schon früher von den Maschinenfabriken herausgegeben waren. Ein zunächst vom Vorstande aufgestellter Entwurf zu derartigen Bestimmungen fand nicht die Zustimmung des Ausschusses; man sah die Aufgabe des Verbandes nicht darin, äußere Bedingungen aufzustellen, nach denen die Fabriken Praktikanten einstellen sollten, sondern hielt es für richtiger, den jungen Leuten Anleitungen zu geben, wie, wo und wann sie praktisch arbeiten sollten, und ihnen dann, soweit wie möglich, auch Gelegenheit zu einer fruchtbaren praktischen Vorbereitung zu schaffen. Von der Jahresversammlung 1909 wurde daraufhin eine Kommission, bestehend aus den Herren Dettmar, Epstein, Hartmann, Heubach, Kübler, P. Meyer, Montanus, Teichmüller (Vorsitz), Zapf, eingesetzt, welche die Frage umfassend behandeln sollte. Hinzugezogen wurden zu den Beratungen die Hochschullehrer Kittler, Kohlrausch und Slaby. Zunächst wurde die Abfassung eines Merkblattes für die jungen Leute, die Elektrotechnik studieren wollen, in Angriff genommen.

Bei den Arbeiten der Kommission traten gewisse Schwierigkeiten zutage, die Industrie für die praktische Ausbildung der Studierenden zu interessieren, Arbeits-

W. Kohlrausch

Vorsitzender 1906—1908

plätze zu schaffen und für eine zweckmäßige Ausbildung und eine gute Ausnutzung der aufgewandten Zeit zu sorgen. Die gleichen Schwierigkeiten zeigten sich bei ähnlichen Bestrebungen anderer Organisationen. Vor allem war es der Deutsche Ausschuß für das technische Schulwesen, der im Jahre 1908 vom Verein Deutscher Ingenieure ins Leben gerufen, sich mit Fragen dieser Art befaßte. Er hatte sich zwar bis dahin nur mit Mittelschulfragen und mit der Ausbildung von Lehrlingen beschäftigt — Arbeiten, an denen sich auch der Verband beteiligte —, war aber gerade damals dazu übergegangen, sich mit Hochschulangelegenheiten zu befassen. Da in diesem Ausschuß in weitem Umfange die technischen Vereine, die Industrie, die Unterrichtsanstalten und Verwaltungen der größeren Bundesstaaten vertreten waren, beschloß die Kommission, ihre Arbeiten vorläufig zu beenden und das bis dahin erzielte Ergebnis sowie ihr ferneres Arbeitsprogramm dem Deutschen Ausschuß zur weiteren Behandlung zu überweisen. Der Vorsitzende der Kommission wurde daraufhin 1911 im Einverständnis mit dem Verband in den Deutschen Ausschuß gewählt (vgl. S. 69). Die Kommission wurde aber nicht aufgelöst, sondern blieb weiter bestehen, damit dem in den deutschen Ausschuß entsandten Vorsitzenden weiter Gelegenheit blieb, den Vertretern des Verbandes über die im Ausschuß behandelten Fragen zu berichten und sich mit ihnen über seine und des Verbandes Stellungnahme zu verständigen. Kommissionsmitglieder sind zur Zeit: Epstein, Heinke, Heubach, Kittler, Kohlrausch, Kübler, Meyer, Montanus, Teichmüller (Vorsitz), Zapf.

Kommission für Hochspannungsapparate.

Die Siemens-Schuckert-Werke stellten 1910 bei dem Verbande folgenden Antrag: „Die früher in den Sicherheitsvorschriften (Z. B. 1903 § 10d) gegebene Vorschrift über die Bemessung der Leitungseinführungen an Apparaten ist in den neuen Errichtungsvorschriften in der allgemeinen Form enthalten, daß für die anzuschließenden Drähte ein genügender Isolationszustand gegen benachbarte Gebäudeteile, Leitungen und dergleichen vorhanden sein soll. Erhebliche Meinungsverschiedenheiten über den Begriff des genügenden Isolationszustandes haben nun einige Elektrizitätswerke zu ganz willkürlichen Festsetzungen veranlaßt, die zum Teil eine geordnete Fabrikation von Hochspannungsapparaten unmöglich machen. Unter diesen Umständen halten wir eine Regelung dieser Angelegenheit durch den Verband für geboten und beantragen die Einsetzung einer Kommission zur Ausarbeitung von Normalien für die Leitungseinführungen von Hochspannungsapparaten."

Infolge dieser Anregung wurde eine Kommission eingesetzt, deren Mitglieder Bing, v. Groddeck, Meyer, Schrottke, Stern, Vogel, Vogelsang und als Vertreter der Vereinigung der Elektrizitätswerke: Birrenbach, Overmann und Wilkens wurden. Die von dieser Kommission bis zur Jahresversammlung 1911 ausgearbeiteten Normalien für die Konstruktion und Prüfung von Hochspannungsapparaten fanden nicht die Zustimmung des Ausschusses; der Entwurf wurde nochmals durchberaten, wobei eine Reihe von Abänderungswünschen berücksichtigt wurde. Der Jahresversammlung 1912 wurde dann ein neuer Entwurf zu „Normalien für die Konstruktion und Prüfung von Wechselstrom-Hochspannungsapparaten von einschließlich 1500 V Nennspannung aufwärts für Innenräume" vorgelegt, zu dem ausführliche Erläuterungen von G. Meyer im Auftrage der Kommission verfaßt waren. Auch dieser Entwurf unterlag sehr eingehenden Erörterungen im Ausschuß und wurde mit Rücksicht darauf, daß es sich um ein noch neues Arbeitsgebiet handelte, auf dem man die konstruktive Entwicklung möglichst wenig beeinflussen und den Ergebnissen der Forschung weitesten Spielraum lassen wollte, nicht als „Normalien" herausgegeben, sondern nur als „Vorläufige Richtlinien" in den Anhang des Normalienbuches aufgenommen, um die praktische Erprobung abzuwarten. Im folgenden Jahre wurde die Arbeit noch einmal durchberaten; einzelne Änderungen wurden vorgenommen und ein Abschnitt — Bestimmungen über Freileitungsapparate — neu eingefügt. In dieser Fassung wurden die Bestimmungen von der Jahresversammlung 1913 unter die Verbandsbestimmungen — unter dem eine strenge Bindung vermeidenden Titel „Richtlinien" — aufgenommen.

Die Kommission besteht weiter, und zwar jetzt aus folgenden Mitgliedern: Dettmar (Vorsitz), Meyer, Müller, Schaefer, Schrottke, Stern, Vogel, Vogelsang und für die Vereinigung: Birrenbach, Ely und Wilkens. — Es ist beabsichtigt, auf Grund der in einigen Jahren vorliegenden Erfahrungen die Richtlinien neu zu überprüfen und falls nötig umzugestalten.

Kommission für Schaltapparate.

Die Kommission wurde im Jahre 1911 als Abzweigung der Kommission für Installationsmaterial auf deren Antrag gebildet, nachdem sich das Bedürfnis herausgestellt hatte, auch Hebelschalter, Anlasser u. dgl. zu normalisieren und dadurch das Arbeitsgebiet für eine einzige Kommission zu umfangreich geworden war. In das Arbeitsbereich der Kommission wurde dann eine Reihe älterer Arbeiten, die ursprünglich auch von der Kommission für Installationsmaterial behandelt worden waren, übernommen. Eine genaue Abgrenzung zwischen den Begriffen „Installationsmaterial" und „Schaltapparate" nach technischen Gesichtspunkten ist nicht durchführbar, und so blieben auch die Arbeiten der beiden Kommissionen stets in engem Zusammenhange, um so mehr, als der größte Teil der Mitglieder beiden Kommissionen angehörte. Die Schaltapparate-Kommission wurde gebildet von den Herren Bundzus, Fleischhauer, Hoepp, W. Jaeger, Lux (Vorsitz), G. Meyer, Schaefer, Vogel, Vogelsang und als Vertretern der Vereinigung der Elektrizitätswerke Ely, Erhardt und Passavant. Die Hauptarbeit der Kommission waren zunächst eingehende Versuche über Hebelschalter, zu denen das Laboratorium der Münchener Elektrizitätswerke entgegenkommenderweise eine Versuchsanordnung zur Verfügung stellte — wie bei früheren Versuchen über Schmelzsicherungen. Diese Versuche dienten zur Klärung der Frage, in welcher Weise überhaupt eine stichhaltige Prüfung von Hebelschaltern möglich sei und welche Mindestforderungen an die Schalter gestellt werden können. Neu behandelt wurden ferner Anlasser und Regulierwiderstände, über die bis dahin noch keinerlei Vorschriften bestanden. Nach zweijähriger eingehender Arbeit wurden schließlich die Ergebnisse der neuen Arbeiten mit älteren Einzelbestimmungen in den „Vorschriften für die Konstruktion und Prüfung von Schaltapparaten bis 750 Volt" zusammengefaßt, die von der Jahresversammlung 1914 angenommen wurden.

Von besonderer Bedeutung war bei den Arbeiten dieser Kommission und der für Installationsmaterial die Aufstellung von Prüfbestimmungen. Ihre praktische Durchführung in sachgemäßer Weise ist nicht leicht und ohne genaue Kenntnis der technisch-physikalischen Voraussetzungen nicht ohne weiteres möglich. Es erwies sich deshalb als zweckmäßig, genaue Anweisungen für die Prüfung zu geben, und es wurden hierfür eingehende Prüfungsscheine ausgearbeitet, die gleichzeitig den amtlichen Prüfstellen als Formulare für die Bescheinigung des Prüfungsergebnisses dienen. Für die Prüfung von Sicherungen liegen diese Scheine fertig vor und sind bereits in praktischer Benutzung erprobt worden. Die Herausgabe gleicher Prüfungsscheine für Hebelschalter wurde durch den Krieg vorläufig verhindert.

Die Einsicht in die Notwendigkeit einheitlicher Prüfungen nach den Verbandsbestimmungen, die an allen Stellen sowohl bei den behördlichen Prüfstellen wie in den Fabrikslaboratorien in genau gleicher Weise durchzuführen wären, das Bedürfnis, eine Kontrolle darüber haben zu können, ob und wieweit Fabrikate, die auf den Markt kommen, den Verbandsbestimmungen genügen, führte in den letzten Jahren vor dem Kriege dazu, daß der Gedanke, eine besondere Prüfstelle zu schaffen, wieder aufgenommen und zu seiner Förderung ein besonderer Unterausschuß der Schaltapparate-Kommission gebildet wurde. Dieser Gedanke war schon in früheren Jahren zweimal in den Kreisen des Verbandes erörtert worden; Versuche, ihn zu verwirklichen, waren bisher aber daran gescheitert, daß die Interessen der verschiedenen beteiligten Kreise nicht zusammenzubringen waren. Diese Hindernisse schienen nun aber verschwunden oder sehr wesentlich gemildert zu sein, so daß die alten Bestrebungen neu aufgenommen werden konnten; auf Wunsch der Kommissionen für Installationsmaterial und Schaltapparate wurden vom Vorstand die Herren Dettmar, Klingenberg und K. F. von Siemens mit der Einleitung der erforderlichen Schritte beauftragt.

Auch diese Angelegenheit mußte infolge des Krieges noch vertagt werden. Die Kommission besteht unverändert weiter.

Kommission für Kochapparate.

Auf Anregung G. Dettmars nahm die Jahresversammlung von 1911 den Antrag auf Einsetzung einer Kommission für Kochapparate an. Bei Versuchen über elektrisches Kochen hatte sich gezeigt, daß jede Firma die Anschlußkontakte an den Kochtöpfen, Pfannen, Wärmeplatten, Bügeleisen usw. in einer besonderen Größe und Stärke ausführte, was natürlich eine Erschwerung der allgemeinen Verwendbarkeit bedeutete. Eine Umfrage in den beteiligten Kreisen ergab allgemeine Zustimmung zu der Anregung, eine Normalisierung der Anschlüsse vorzunehmen. Zu Mitgliedern der Kommission wurden gewählt: Böttcher (Vorsitz), Brendel, Dettmar, Helberger, Ritter, Scholer, Steinhardt. Später kamen noch hinzu: Heilbrun, Sprenger, Voigt, Wüstney.

Die Kommission konnte bereits der Jahresversammlung 1912 Normalien für Koch- und Heizapparate zur Annahme vorlegen, in denen einheitliche Abmessungen für die Anschlußkontakte des bisher bestehenden Systemes festgelegt wurden; eine Ergänzung wurde 1913, eine Umgestaltung — in Zusammenhang mit der von der Errichtungskommission vorgenommenen Ausarbeitung der Leitsätze für Starkstrom-Handapparate — ein Jahr später beschlossen. Damit war eine gewisse Einheitlichkeit und Ordnung in der Fabrikation und die erwünschte Austauschbarkeit der Apparate verschiedenen Ursprungs unter Benutzung derselben Anschlußschnüre erreicht.

Die Kommission arbeitet aber außerdem darauf hin, eine gegenüber den bisherigen Ausführungen verbesserte Einheits-Anschlußvorrichtung zu schaffen. Entwürfe hierzu waren bereits vor dem Kriege ausgearbeitet und Probeausführungen bei den Kommissionsmitgliedern versuchsweise in Benutzung.

Ein endgültiger Abschluß der Arbeiten wurde aber noch nicht gefunden und ist der Zeit nach dem Kriege vorbehalten, z. T. deshalb, weil die Frage der Erdung bei Niederspannungsanlagen noch nicht endgültig geklärt ist, so daß die geplante Steckvorrichtung, die eine zwangsläufige Erdung der Apparate vorsieht, dem derzeitigen Stande der anderen Verbandsbestimmungen und den allgemeinen praktischen Verhältnissen in den Niederspannungsanlagen vorausgeeilt wäre.

Die nach dieser Richtung hin vorgenommenen Arbeiten sind der Erdungs-Kommission als Anregung überwiesen; die weitere Durchführung der begonnenen Tätigkeit wurde durch den Krieg unterbrochen und bildet noch das Arbeitsprogramm der Kommission.

Über die

Kommission für die Max Günther-Stiftung

ist auf Seite 74 bei den Mitteilungen über die Stiftung selbst berichtet.

Schwachstrom-Kommission.

Während die Vorschriften und Normalien des Verbandes Deutscher Elektrotechniker sich bis zum Jahre 1912 ausschließlich auf Starkstromanlagen erstreckten, wurde in diesem Jahre zum ersten Male sein Arbeitsgebiet auf Schwachstromanlagen ausgedehnt.

Das Bedürfnis, Vorschriften für den Bau und die Einrichtung von Schwachstromapparaten zu treffen, um eine Vereinheitlichung zu erzielen, hatte sich schon seit längerer Zeit gezeigt und bereits dazu geführt, daß eine Kommission zur Bearbeitung dieses Gebietes vom Verbande der Installationsfirmen Deutschlands eingesetzt war. Auf der Jahresversammlung 1912 wurde eine Kommission aus den Mitgliedern: Franke, Hendrichs, Kunz, Neuhold, Nübel, Uffel, Willichs und einem Vertreter der Reichspost gewählt, die gemeinsam mit der Kommission des Installateurverbandes arbeiten und Vorschriften für Schwachstromapparate aufstellen sollten.

Es lag bereits ein Entwurf des Installateurverbandes zu Vorschriften über Schwachstromanlagen vor; nach dessen Durcharbeitung und Aufstellung eines Gegenentwurfes wurden der Jahresversammlung 1913 „Leitsätze für die Errichtung elektrischer Fernmeldeanlagen" vorgelegt, die auch Annahme durch den Verband fanden.

Der Zweck dieser Vorschriften ist nicht die Verhütung von Unfällen, Feuersgefahr usw., sondern im wesentlichen fabrikatorische Vereinheitlichung und Vereinfachung der Grundbestandteile von dauernd zuverlässigen Fernmeldeanlagen.

In den neuen Leitsätzen wurde der bis dahin allein übliche Ausdruck „Schwachstromanlagen" durch die sachlich richtigere Bezeichnung „Fernmeldeanlagen" ersetzt. Die Leitsätze gelten für Telegraphen-, Telephon-, Signal-, Fernschaltungs- und ähnliche Einrichtungen mit Ausnahme der für öffentlichen Verkehr bestimmten Anlagen der Eisenbahn- und Telegraphenverwaltungen.

Die Arbeiten der Kommission bestanden für die folgende Zeit in der Normalisierung von isolierten Leitungen für Fernmeldeanlagen. Die Vorarbeiten wurden von einem Unterausschuß, bei dessen Beratungen auch ein Vertreter der Draht- und Kabel-Kommission mitwirkte, erledigt. „Normalien für isolierte Leitungen in Fernmeldeanlagen", die auf Grund dieser Beratungen aufgestellt waren, fanden 1914 Annahme durch den Verband.

Des weiteren war von der Kommission die Normalisierung der gebräuchlichsten Apparate und der Stromquellen, insbesondere der Elemente, in Aussicht genommen.

Unterausschüsse für diese Einzelarbeiten waren bereits eingesetzt. Durch den Krieg kam zunächst das Programm nicht zur Durchführung.

Im April 1916 wurde von Herrn Halbertsma der Antrag gestellt: Der Verband Deutscher Elektrotechniker wolle Normalien aufstellen für die Kennzeichnung von Trockenelementen, insbesondere von Batterien für Taschenlampen. Das zur Bearbeitung dieser Frage bereits bestehende Unterkomitee der Schwachstrom-Kommission wurde von der Jahresversammlung 1916 mit dieser Angelegenheit betraut. Unter Hinzuziehung von Spezialisten und in gemeinsamer Verhandlung mit dem Verband der Fabrikanten von Taschenlampenbatterien in Deutschland wurden „Normalien für dreiteilige Taschenlampenbatterien" aufgestellt.

Die durch den Krieg unterbrochenen Arbeiten der Kommission wurden auf Wunsch der Schwachstromfirmen Anfang 1918 wieder aufgenommen.

Die Kommission besteht zur Zeit aus den Mitgliedern: Beckmann, Franke (Vorsitz), Kunz, Martens, Neuhold, Nübel, Salzmann, Uffel.

Erdungs-Kommission.

Nachdem in der Praxis die Erdung beim Bau von Hochspannungsanlagen schon längere Zeit hindurch Anlaß zu grundsätzlichen Erörterungen gegeben hatte, wurde zur Klärung der einschlägigen Fragen und zur Aufstellung von Regeln für die Erdung auf Veranlassung von G. Klingenberg im Jahre 1912 eine Kommission aus den Herren Fleischhauer, Passavant, Schaefer, Vogel und Vogelsang, je einem Vertreter der Allgemeinen Elektrizitäts-Gesellschaft und der Siemens-Schuckert-Werke und zwei Vertretern der Vereinigung der Elektrizitätswerke gebildet. Die Aufgabe bot mangels ausreichender Erfahrungen und genügender theoretischer Klärung erhebliche Schwierigkeiten. Man sah deshalb von der Aufstellung bindender Vorschriften ab und legte der Jahresversammlung 1913 „Leitsätze für Schutzerdungen" vor, die auch angenommen wurden. Verschiedene Abänderungsvorschläge wurden dann von der Kommission berücksichtigt; eine vervollkommnete und richtiggestellte Fassung wurde von der Jahresversammlung 1914 gebilligt.

Die weiteren Arbeiten der Kommission werden sich auf die Ausführung der Erdung bei Niederspannungsanlagen erstrecken.

Die Kommission besteht aus den Mitgliedern: Berg, Fleischhauer, Klingenberg (Vorsitz), Möhle, Passavant, Ruppel, H. Schaefer, Schrottke, Vogel, Vogelsang; als Vertretern der Vereinigung der Elektrizitätswerke: Warrelmann, Wilkens.

Kommission zum Studium des Schutzes von elektrischen Anlagen gegen Überspannung.

Die im Jahre 1906 von der Draht- und Kabelkommission aufgestellten „Leitsätze für den Schutz von elektrischen Anlagen gegen Überspannungen" waren 1914 nach Ansicht des Vorstandes und Ausschusses veraltet.

Die Geltung der Leitsätze wurde aufgehoben und eine Kommission eingesetzt, welche ihre Neubearbeitung vornehmen sollte. Ein enges Zusammengehen mit der Vereinigung der Elektrizitätswerke, dem Schweizerischen und dem Ungarischen Elektrotechnischen Verein wurde in Aussicht genommen. In die Kommission gewählt wurden die Herren: Bergmeister, Fischer, Petersen, Rössler,

Rüdenberg, Schrottke, Schürer, Stern, Vogelsang und Wagner. Sie hat infolge des Krieges ihre Arbeiten bisher noch nicht begonnen.

Übersicht über die zur Zeit gültigen Arbeiten des Verbandes Deutscher Elektrotechniker.

1. Vorschriften für die Errichtung und den Betrieb elektrischer Starkstromanlagen nebst Ausführungsregeln (einschl. Zusatzbestimmungen für Bergwerke unter Tage.
2. Leitsätze für Schutzerdungen (nebst Erläuterungen).
3. Leitsätze für die Ausführung von Schlagwetter-Schutzvorrichtungen an elektrischen Maschinen, Transformatoren und Apparaten.
4. Sicherheitsvorschriften für elektrische Straßenbahnen und straßenbahnähnliche Kleinbahnen.
5. Vorschriften zum Schutze der Gas- und Wasserröhren gegen schädliche Einwirkungen der Ströme elektrischer Gleichstrombahnen, die die Schienen als Leiter benutzen.
6. Normalien für häufig gebrauchte Warnungstafeln.
7. Empfehlenswerte Maßnahmen bei Bränden.
8. Anleitung zur ersten Hilfeleistung bei Unfällen im elektrischen Betriebe.
9. Merkblatt für Verhaltungsmaßregeln gegenüber elektrischen Freileitungen.
10. Normalien für Freileitungen (nebst Erläuterungen).
11. Allgemeine Vorschriften für die Ausführung elektrischer Starkstromanlagen bei Kreuzungen und Näherungen von Bahnanlagen.
12. Allgemeine Vorschriften für die Ausführung und den Betrieb neuer elektrischer Starkstromanlagen (ausschließlich der elektrischen Bahnen, bei Kreuzungen und Näherungen von Telegraphen- und Fernsprechleitungen).
13. Kupfernormalien.
14. Normalien für isolierte Leitungen in Starkstromanlagen.
15. Normalien für isolierte Leitungen in Fernmeldeanlagen (Schwachstromleitungen).
16. Normalien über die Abstufung von Stromstärken bei Apparaten.
17. Normalien über Anschlußbolzen und ebene Schraubkontakte für Stromstärken von 10 bis 1500 A.
18. Leitsätze für die Konstruktion und Prüfung elektrischer Starkstrom-Handapparate für Niederspannungsanlagen (ausschließlich Koch- und Heizapparate).
19. Normalien für Koch- und Heizapparate in Niederspannungsanlagen.
20. Vorschriften für die Konstruktion und Prüfung von Installationsmaterial.
21. Vorschriften für die Konstruktion und Prüfung von Schaltapparaten für Spannungen bis einschl. 750 V.
22. Richtlinien für die Konstruktion und Prüfung von Wechselstrom-Hochspannungsapparaten von einschl. 1500 V Nennspannung aufwärts.
23. Normalien für die Prüfung von Eisenblech.
24. Normalien für Bewertung und Prüfung von elektrischen Maschinen und Transformatoren.
25. Normalien für die Bezeichnung von Klemmen bei Maschinen, Anlassern, Regulatoren und Transformatoren.
26. Normale Bedingungen für den Anschluß von Motoren an öffentliche Elektrizitätswerke.
27. Photometrische Einheiten.
28. Vorschriften für die Messung der mittleren horizontalen Lichtstärke von Glühlampen.
29. Normalien für Bogenlampen.
30. Vorschriften für die Photometrierung von Bogenlampen.
31. Vorschriften für die Messung der Lichtstärke von röhrenförmig ausgebildeten Lichtquellen.
32. Normalien für die Beurteilung der Beleuchtung.
33. Einheitliche Bezeichnung von Bogenlampen.
34. Leitsätze für die Errichtung elektrischer Fernmeldeanlagen (Schwachstromanlagen).
35. Leitsätze für den Anschluß von Schwachstromanlagen an Niederspannungs-Starkstromnetze durch Transformatoren oder Kondensatoren (mit Ausschluß der öffentlichen Telegraphen- und Fernsprechanlagen).

36. Prüfvorschriften für die gekürzte Untersuchung elektrischer Isolierstoffe.
37. Leitsätze über den Schutz der Gebäude gegen den Blitz (nebst Erläuterungen, Ausführungsvorschlägen und Anhängen 1—3).
38. Definition der elektrischen Eigenschaften gestreckter Leiter.
39. Leitsätze für die Herstellung und Einrichtung von Gebäuden bezüglich Versorgung mit Elektrizität.
40. Normalien für die Verwendung von Elektrizität auf Schiffen.
41. Leitsätze, betr. die einheitliche Errichtung von Fortbildungskursen für Starkstrommonteure und Wärter elektrischer Anlagen.
42. Normalien für dreiteilige Taschenlampembatterien.
43. Leitsätze für die Bedingungen, denen Elektrizitätszähler und Meßwandler bei der Beglaubigung genügen müssen.
44. Beschäftigung von Studierenden in Elektrizitätswerken.
45. Ausnahmebestimmungen während des Krieges.

2. Literarische Arbeiten und anderes.

Im Jahre 1880 war vom Elektrotechnischen Verein die „Elektrotechnische Zeitschrift" gegründet worden. Sie war ursprünglich sein ausschließliches Eigentum. Zehn Jahre später ging sie in den Besitz der Verlagsbuchhandlungen J. Springer und R. Oldenbourg über; der Elektrotechnische Verein war von da ab weder am Gewinne noch am Verluste aus der Zeitschrift beteiligt. Im Jahre 1894 wurde das Blatt Organ des Verbandes. In dem auf 41 Jahre geschlossenen, zum 31. Dezember 1909 jedoch kündbaren Vertrage wurde ein Anteil des Verbandes am Gewinne aus der Zeitschrift festgelegt, der sich zunächst auf die Einnahmen aus den Anzeigen, von 1900 ab auch auf den Reingewinn erstreckte, den die „ETZ." als buchhändlerisches Unternehmen abwarf. Die Entwicklung der Zeitschrift war günstig; Auflage und Reingewinn stiegen von Jahr zu Jahr. Von 1909 ab trat ein neuer Vertrag zwischen dem Verbande und dem Elektrotechnischen Vereine einerseits und dem Verlage Jul. Springer (Oldenbourg war inzwischen ausgeschieden) andererseits in Kraft. Eine Erweiterung des Inhaltes der „ETZ." — nach der wirtschaftlichen und rein technischen Seite hin — ward vorgesehen und ein zweiter Schriftleiter angestellt; ein Redaktionskomitee, das mindestens einmal im Jahre zusammentritt, hat die Interessen des Verbandes in allen Angelegenheiten, die die Zeitschrift betreffen, wahrzunehmen[1]). Eine Anschauung von der Entwicklung der „ETZ." gibt Abb. 4, in der die Seitenzahlen des Blattes eingetragen sind.

Die „ETZ." dient dem Verbande zum Verkehr mit seinen Mitgliedern; alle Mitteilungen der Geschäftsstelle, insbesondere aber auch der Kommissionen, werden stets zuerst in ihr veröffentlicht.

Die Arbeiten der Kommissionen werden schon als Entwürfe in der Zeitschrift abgedruckt, um allen beteiligten Kreisen Gelegenheit zur Äußerung zu geben. Ist es notwendig, unter Berücksichtigung eingegangener Vorschläge die Entwürfe zu ändern, so wird die Arbeit hiernach wiederum in der „ETZ." veröffentlicht. In der endgültig festgelegten Fassung wird die Arbeit der Jahresversammlung zum Beschlusse vorgelegt und nach deren Entscheidung Einführungstermin und Gültigkeit der Kommissionsarbeit bekanntgegeben: damit ist die Arbeit endgültig der Öffentlichkeit übergeben.

---

[1]) Zur Zeit setzt sich das Redaktionskomitee aus folgenden Mitgliedern zusammen: Christiani (Vorsitz), Dettmar, Deutsch, Emde, Fleischmann, Götze, Heinke, Kohlrausch, Krone, Kübler, Meißner, Perls, Schüler, Springer, Vogelsang, Zehme.

Von fast allen in der „ETZ." erschienenen Veröffentlichungen werden Sonderdrucke hergestellt, die durch den Buchhandel oder unmittelbar vom Verband zu beziehen sind.

Die außerordentlichen Fortschritte der Elektrotechnik, der ständig wachsende Umfang ihrer Aufgaben und Möglichkeiten hatten aber ein derartiges Anschwellen der schriftstellerischen Tätigkeit auf diesem Gebiete zur Folge, daß es mit der Zeit nicht mehr möglich war, alle für die „ETZ." bestimmten wertvollen und wichtigen Arbeiten in ihr rechtzeitig und ungekürzt zum Abdruck zu bringen. Es wurde daher beschlossen, diejenigen Aufsätze, die einen ausgesprochen theoretisch-wissenschaftlichen Inhalt haben, aus der „ETZ." auszuscheiden und in einem neu zu gründenden „Archiv für Elektrotechnik" unterzubringen. Damit wurde die Zeitschrift von allem entlastet, was nur für den kleineren Kreis der hauptsächlich mit wissenschaftlichen Arbeiten beschäftigten Elektrotechniker von unmittelbarer Wichtigkeit

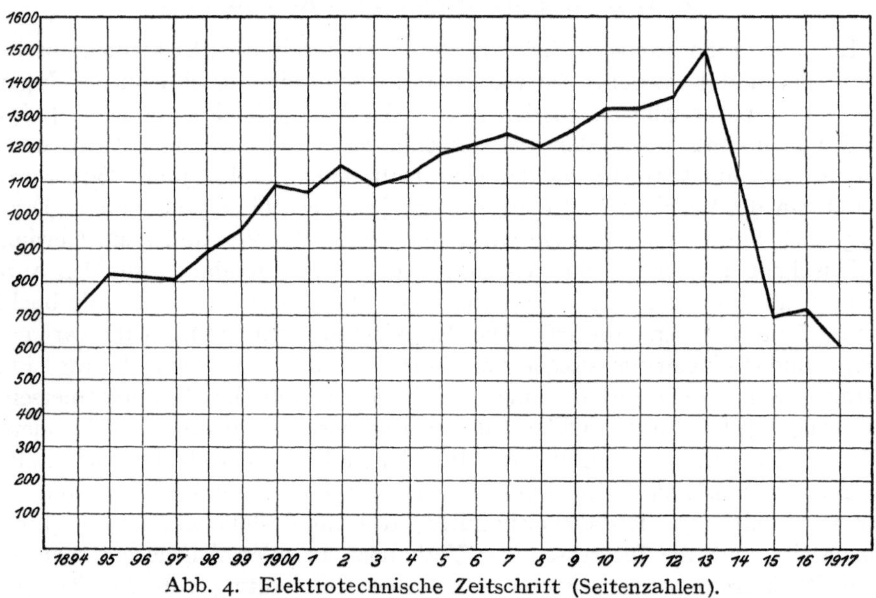

Abb. 4. Elektrotechnische Zeitschrift (Seitenzahlen).

war. Da aber gleichzeitig noch der Umfang der „ETZ." erheblich erweitert wurde, so waren nun für das gesamte Gebiet der Verbandstätigkeit Zeitschriften geschaffen, die allen Anforderungen der Schriftsteller und Leser gerecht werden konnten. Das Archiv für Elektrotechnik, herausgegeben von W. Rogowski, erscheint seit 1913.

Als der Verband auf eine zehnjährige Tätigkeit zurückblicken konnte, beauftragte der Vorstand den Generalsekretär, die damals gültigen Arbeiten in einem Buche zusammenzustellen. Eine Veröffentlichung in der Elektrotechnischen Zeitschrift und in Einzeldrucken war so lange zweckmäßig gewesen, wie sich die einzelnen Arbeiten noch im Stadium des allmählichen Ausbaues und der Verbesserung befanden; 1903 aber hatten die meisten dieser Verbandsarbeiten einen gewissen Abschluß erfahren. So erfolgte ihre gemeinsame Veröffentlichung in einem 1904 im Verlage von Jul. Springer, Berlin, erstmalig herausgegebenen Buche unter dem Titel: Normalien, Vorschriften und Leitsätze des Verbandes Deutscher Elektrotechniker e. V. Durch Zusätze und Abänderungen wurden fast jährlich neue Auflagen notwendig. Die letzte Fassung des Normalienbuches ist die 9. Auflage vom

H. Görges
Vorsitzender 1908—1910

Jahre 1914. Sie enthält alle zur Zeit gültigen Arbeiten des Verbandes. Von den Ausnahmebestimmungen während des Krieges, die bis jetzt in vier Auflagen gesondert erschienen sind, ist in dem Abschnitt über die Kriegstätigkeit des Verbandes die Rede.

Da die Verbandsarbeiten sich im Laufe der Zeit auf immer weitere Gebiete ausdehnten, so vergrößerte sich der Kreis derer, für welche die Bestimmungen praktiche Bedeutung haben, schließlich sehr stark. Andererseits war aber die Bekanntschaft und Vertrautheit mit den Vorschriften nicht im gleichen Maße gewachsen. Anfragen und Mitteilungen, die an den Verband gelangten, zeigten immer wieder, daß Veröffentlichungen in der „ETZ." und in Sonderdrucken von sehr vielen, für die sie von großer Wichtigkeit waren, gar nicht oder zu spät gelesen wurden; es gehört für den einzelnen besonderes Interesse und Zeitaufwand dazu, um die Verbandsveröffentlichungen regelmäßig zu verfolgen und keine zu übersehen. Um nun allen die Arbeiten des Verbandes leicht zugänglich zu machen, sind seit 1913 sämtliche Veröffentlichungen in Sonderdrucken als Abonnement herausgegeben. Durch diese Einrichtung ist nicht nur für die Verbandsmitglieder, sondern für jeden, der auch nur als Elektrizitätsverbraucher oder Betriebsmann mit elektrotechnischen Einrichtungen zu tun hat, Gelegenheit gegeben, sich über den Stand der Verbandsarbeiten dauernd auf dem laufenden zu halten und gegebenenfalls Wünsche oder Bedenken geltend zu machen; in weitgehendstem Maße wird davon Gebrauch gemacht, namentlich von Firmen.

Von verschiedenen Seiten war 1900 die Verbandsleitung darauf aufmerksam gemacht worden, daß deutsche Firmen bei Ausführung von Anlagen im Auslande oder bei Einreichung von Offerten durch die große Unsicherheit, die in der Bemessung der ausländischen Zölle in vielen Fällen herrscht, Schwierigkeiten hatten. In den meisten ausländischen Zolltarifen werden elektrotechnische Artikel dem Namen nach nicht aufgeführt, sondern fallen unter die verschiedensten Sammelgruppen. Die Zölle für die Sammelgruppen sind amtlich veröffentlicht; es fehlten aber Angaben, wie die elektrotechnischen Erzeugnisse in die Sammelgruppen eingereiht sind. Um diese Unsicherheit zu beseitigen, sandte der Verband am Ende des Jahres 1900 an die deutschen Konsulate im Auslande Fragebogen mit der Bitte, für die darin aufgeführten zwölf Gruppen elektrotechnischer Artikel auf Grund ihrer Erfahrungen und mit Hilfe der zuständigen Zollbehörde die entsprechende Nummer des Zolltarifs des Landes und den Wortlaut der Zolltarifnummer anzugeben. Aus dem so gesammelten Material wurde eine Zusammenstellung der ausländischen Einfuhrzölle auf die wichtigsten elektrotechnischen Artikel ausgearbeitet und als Manuskript gedruckt.

Als größeres Werk ist noch die im Auftrage des Verbandes von dem Generalsekretär herausgegebene Statistik der Elektrizitätswerke in Deutschland zu nennen, die 1909 zum erstenmal als Buch erschien, und eine Fortsetzung der vorher dreizehnmal in der Elektrotechnischen Zeitschrift veröffentlichten Zusammenstellung bildet. Im Jahre 1895 war zum erstenmal von der Schriftleitung der Zeitschrift eine Statistik veröffentlicht worden, die dem Stande am 1. April dieses Jahres entsprach. Die Arbeit erforderte damals vier Seiten; der 1908 zum Abdruck gebrachte Text füllte bereits 75 Seiten, und im nächsten Jahre wäre der Umfang bei dem starken Anwachsen der Elektrizitätsversorgung schon auf mehr als 100 Seiten gestiegen. Dies führte zu dem Plan, die Statistik für sich als Buch herauszugeben. Seitdem ist ihre Bearbeitung durch den Generalsekretär des Verbandes erfolgt.

Der Wert der Statistik ist für gewisse Kreise der Elektrotechnik sehr hoch einzuschätzen und steigt um so mehr, je größer die Zahl der Elektrizitätswerke und der versorgten Orte wird. In Erkenntnis der Bedeutung der Arbeit haben denn auch eine ganze Reihe von Behörden, Vereinen, Firmen und Fachgenossen in dankenswerter Weise bei der Beschaffung der Unterlagen mitgeholfen.

In Buchform ist die Statistik bisher in vier Ausgaben erschienen[1]).

Während des Krieges war eine Neuherausgabe nicht möglich, sie wäre auch wegen der dauernden erheblichen Veränderungen, die bei den Werken in der Kriegszeit allenthalben viel stärker und schneller als in normalen Zeiten auftraten, nur von bedingtem Wert gewesen. — Nach Eintritt ruhigerer Verhältnisse wird aber gerade die Statistik von erhöhter Wichtigkeit sein, um einen Überblick zu geben über die Wirkungen, die der Krieg auf die Entwicklung der Elektrizitätsversorgung ausgeübt hat.

Als Vertretung der gesamten deutschen Elektrotechnik hat der V. D. E. naturgemäß vielfach Gelegenheit und Anlaß, sich an Bestrebungen und Arbeiten zu beteiligen, die nicht in das sachlich genau bestimmte Fachgebiet wie die Kommissionsarbeiten gehören.

In den ersten Jahren seines Bestehens hatte er sich mit den Ausstellungen zu befassen, die der jungen elektrotechnischen Wissenschaft und Industrie Gelegenheit gaben, vor aller Welt die Leistungen zu zeigen, die ihr erst den gebührenden Platz im Urteil der Allgemeinheit schaffen sollten. Bald nach der Gründung bildete auf den ersten Jahresversammlungen die geplante Berliner Gewerbeausstellung Gegenstand eingehender Erörterungen, die schließlich zu folgendem Beschluß führten: Die „Beteiligung erfolgt durch den Verband; er faßt zunächst die Kraftübertragung, sowie die Lieferung von Licht und Kraft für die gesamte Ausstellung gegen Entlohnung und eine Beteiligung an der Tageseinnahme ins Auge; er gewährt sämtlichen Verbandsmitgliedern nach Maßgabe ihrer Anmeldung Teilnahme an der Ausführung und bildet zu diesem Zwecke ein Syndikat, dessen Leitung der Vorstand übernimmt.“ Damit war zum ersten Male der V. D. E. in einer öffentlichen Angelegenheit zur Vertretung der Elektrotechnik berufen; in ähnlicher Weise wurde dann durch ihn die Teilnahme der Industrie an der Pariser Weltausstellung 1900 bewirkt, die zu dem denkwürdigen friedlichen Siege der deutschen Elektrotechnik führte. Zusammen mit der Vereinigung Deutscher Elektrizitätsfirmen entschloß sich der Verband 1907, in der ständigen Ausstellungskommission für die Deutsche Industrie, die von dem Zentralverband Deutscher Industrieller, der Zentralstelle für Vorbereitung der Handelsverträge und dem Bund der Industriellen gegründet worden war, mitzuwirken. In Gemeinschaft mit der Vereinigung Deutscher Elektrizitätsfirmen wurden fünf Vertreter ernannt, von denen der Verband drei und die Vereinigung der Elektrizitätswerke zwei ernannte, später ging die Vertretung auf den V. D. E. allein über. Infolge der zunehmenden Zahl der elektrischen Ausstellungen hatte in den letzten Jahren vor dem Kriege der Vorstand mehrfach Veranlassung, sich erneut mit dieser Angelegenheit zu befassen; er hat

---

[1]) Ausgabe 1909 (Stand vom 1. April 1909) 174 Seiten, 1978 Elektrizitätswerke; Ausgabe 1910 (Ergänzung vorstehender Ausgabe für den 1. April 1910) 72 Seiten, 281 Elektrizitätswerke; Ausgabe 1911 (Stand vom 1. April 1911) 323 Seiten, 2526 Elektrizitätswerke; Ausgabe 1913 (Stand vom 1. April 1913) 538 Seiten, 4040 Elektrizitätswerke.

sich mit den Vereinen in Verbindung gesetzt, um eine einheitliche Regelung der etwa von ihnen beabsichtigten Ausstellungen nach Möglichkeit herbeizuführen.

Das technische Unterrichts- und Schulwesen hat durch den Verband besondere Förderung erfahren. Kommissionen haben sich damit beschäftigt, und auch gemeinsam mit anderen Vereinen sind in dieser Frage Schritte unternommen worden. Überall, wo es galt, den elektrotechnischen Unterricht weiterzuentwickeln, hat der Verband nach Möglichkeit mitgewirkt. Im Januar 1898 beantragte der Physikalische Verein zu Frankfurt a. M. beim Verband Zuwendung eines Beitrages für die elektrotechnische Lehr- und Untersuchungsanstalt des Physikalischen Vereins zu Frankfurt a. M. Diese Anstalt war bereits 1889 gegründet worden, um Arbeitern und niederen Technikern aus dem Elektrizitätsfache, die eine Lehrzeit als Schlosser, Mechaniker usw. vollendet hatten, die Möglichkeit zur Aneignung theoretischer Fachkenntnisse zu geben. Der Vorstand bewilligte eine jährliche Beisteuer, die seitdem der Anstalt regelmäßig zur Verfügung gestellt wurde.

Zur Weiterbildung der Verbandsmitglieder war geplant worden, im September 1914 in Berlin einen Fortbildungskursus in Fragen der Hochspannung abzuhalten. Als Dozenten waren gewonnen die Herren Brauns, Kübler, Orlich, Petersen und Teichmüller; durch den Ausbruch des Krieges mußte von dem Plane Abstand genommen werden.

An Ehrungen von Männern, die sich hervorragende Verdienste um Wissenschaft und Technik erworben haben, hat der Verband mehrfach Anteil genommen, so 1897 in Turin, als für Ferraris ein Denkmal in der Elektrotechnischen Schule errichtet wurde: ebenso beteiligte er sich an einem Internationalen Ausschuß zur Errichtung eines Grammedenkmals 1904 in Lüttich. Ferner bewilligte der Vorstand 1902 einen Beitrag zu den Kosten einer Gedenktafel, welche in Hannover für Rühmkorff errichtet werden sollte.

Dem Erfinder des Telephons, Reiß, setzte die Stadt Frankfurt a. M. 1904 unter Anteilnahme des Verbandes ein Denkmal, und 1911 wurde eine Beteiligung an der Erbauung des Gaußturmes auf dem Hohen Hagen beschlossen.

Dem 1903 in München gegründeten Deutschen Museum von Meisterwerken der Naturwissenschaft und Technik trat der Verband korporativ bei; im Ehrensaale des Museums wurde unter Beihilfe des Verbandes eine Büste Georg Simon Ohms aufgestellt. Als der Präsident der Physikalisch-Technischen Reichsanstalt Geh. Regier.-Rat Professor Dr. phil. E. Warburg Ende März 1917 sein 50jähriges Doktorjubiläum feierte, wurde ihm vom Verband in Gemeinschaft mit dem Elektrotechnischen Verein seine Büste in Marmor gestiftet. Auch an der Siemensringstiftung, die am 13. Dezember 1916, dem 100. Geburtstag Werner v. Siemens, ins Leben gerufen wurde, ist der Verband beteiligt.

V. Der Verband und die Behörden.

Die Arbeiten des Verbandes, besonders die der Kommission für Errichtungs- und Betriebsvorschriften, gewannen sehr bald die Aufmerksamkeit und Anteilnahme der Behörden. Es entwickelten sich im Laufe der Zeit zwischen verschiedenen Staatsbehörden und dem Verbande rege Beziehungen, zum Teil in der Form, daß die Vertreter der Behörden an der Ausarbeitung der Kommissionsbeschlüsse beteiligt waren, oder daß Maßnahmen des Verbandes auf Anregung und Wunsch der Regierung durchgeführt wurden. Oft wurde auch der Verband von Behörden bei Vorberatungen über Gesetzentwürfe und sonstige Maßnahmen herangezogen. Es wurde ihm Gelegenheit gegeben, die Wünsche der von ihm vertretenen deutschen Elektrotechnik an maßgebender Stelle zur Geltung zu bringen.

Bei den Beratungen im Reichsamt des Innern über die Eichung von Elektrizitätszählern, die den Gegenstand eines Gesetzentwurfes über „Elektrische Maßeinheiten" bildete, haben Sachverständige des Verbandes mitgewirkt. Es wurde zunächst die Frage behandelt, ob ein derartiges Gesetz überhaupt möglich wäre, und welche technischen Gesichtspunkte bei seiner Aufstellung beachtet werden müssen. Der Gesetzentwurf wurde sodann dem Verbande zur gutachtlichen Äußerung übermittelt. Diese Angelegenheit wurde durch den Ausschuß behandelt, und nach der Jahresversammlung von 1897 wurde der Entwurf nebst dem verlangten Gutachten an die Regierung zurückgesandt. Da aber das Gutachten nicht in vollem Umfange von der Regierung berücksichtigt wurde, richtete der Verband an den Reichstag eine Eingabe, durch die man die Zusicherung erlangte, daß die Industrie bei Aufstellung der Ausführungsbestimmungen zu § 5 des Gesetzes zu Rate gezogen würde. Zu diesem Zwecke hat dann unter Beteiligung von Vertretern des Verbandes im März 1899 in der Physikalisch-Technischen Reichsanstalt eine Besprechung stattgefunden, in der die Ausführungsbestimmungen festgesetzt wurden. Die Frage der Zählereichung hat den Verband jahrelang beschäftigt. Weiteres hierüber ist in dem Bericht über die Tätigkeit der Zählerkommission enthalten.

Den von den elektrotechnischen Gesellschaften zu Frankfurt und Leipzig ausgehenden Anregungen folgend, beschäftigte sich der Verband 1897 mit der Frage des Diebstahls von elektrischer Arbeit und richtete an den Reichskanzler eine Petition behufs Änderung des § 242 des Reichsstrafgesetzbuches, um die Interessen der Industrie zu schützen. Auf Grund dieser Petition beschäftigte sich dann das Reichsjustizamt mit der Angelegenheit.

Im gleichen Jahre erwirkte der Verband bei 14 deutschen Staaten die ausdrückliche Anerkennung seiner Sicherheitsvorschriften für Starkstromanlagen; die Einführung und Befolgung der Vorschriften ist dadurch wesentlich gefördert worden, daß sie von zahlreichen Behörden als maßgebend anerkannt und seitdem jeder behördlichen Stellungnahme und Beurteilung zugrunde gelegt wurden. Im Jahre 1898 hat sie das preußische Ministerium für Handel- und Gewerbe den zuständigen Stellen als technische Richtschnur mitgeteilt. In gleichem Sinne sind bald darauf die übrigen deutschen Bundesregierungen gefolgt; 1899 war ihre Anerkennung erfolgt durch: Preußen, Königreich und Großherzogtum Sachsen, Mecklenburg-Schwerin, Baden, Mecklenburg-Strelitz, Elsaß-Lothringen, Hessen, Oldenburg, Braunschweig, Hamburg; 1902 kamen Sachsen-Meiningen und Sachsen-Altenburg hinzu.

Infolge verschiedener größerer Brände hatten die Polizeibehörden Ende der neunziger Jahre Anlaß genommen, Warenhäuser und andere durch ihre Eigenart feuergefährliche Betriebe Besichtigungen zu unterziehen. Die dort vorgefundenen Zustände waren in der Tat unbefriedigend; es wurden daher bautechnische Maßnahmen und verschärfte Revisionen für solche Gebäude vorgeschrieben. Im Jahre 1899 beschäftigten sich Elektrizitätswerksleiter mit dieser Angelegenheit und faßten einen Beschluß, welcher den Zwang zur Revision aller elektrischen Anlagen forderte und Gegenstand einer Erörterung in der Frankfurter elektrotechnischen Gesellschaft wurde. Es kam weiter zu Verhandlungen innerhalb des Verbandes, an denen gelegentlich der Jahresversammlung 1900 auch Vertreter der Regierungen teilnahmen. Dabei wurde betont, daß, soweit die Elektrizität als Brandursache in Frage kam, in den meisten Fällen grobe Verstöße gegen die Sicherheitsvorschriften festgestellt worden waren, die zwar vom Verband aufgestellt und herausgegeben, in der Praxis jedoch noch nicht überall gewissenhaft befolgt worden wären. Um dies zu erreichen, wurde eine Unterstützung der Staatsbehörden in dem Sinne als wünschenswert bezeichnet, daß auf dem Wege der Verordnung die Befolgung der Verbandsvorschriften erzwungen werden sollte; im übrigen erhoffte man von einer sachgemäßen privaten Überwachung der gefährdeten Anlagen eine Besserung. Auf Beschluß der Jahresversammlung wurde eine gemischte Kommission eingesetzt, die je zur Hälfte aus Mitgliedern des Verbandes und der Vereinigung der Elektrizitätswerke bestand. Sie sollte über Einrichtung einer planmäßigen Überwachung schlüssig werden. Schon die erste Beratung ergab, daß innerhalb des Deutschen Reiches in den einzelnen Bundesstaaten, ja innerhalb dieser Staaten sogar in den größeren Städten die Verhältnisse so verschieden waren, daß es nicht angebracht erschien, allgemeingültige Regeln aufzustellen; die örtlichen Verhältnisse mußten berücksichtigt werden. Professor Dietrich übernahm es für Württemberg, sich mit Regierung, Vereinen und sonstigen Interessenten in Verbindung zu setzen; in gleichem Sinne wirkte für Bayern der Münchener Elektrotechnische Verein, in Sachsen Präsident Dr. Ulbricht. Budde und Passavant wurden beauftragt, in Berlin die vorbereitenden Schritte zur Gründung eines Revisionsvereins zu tun, der durch eigene, angestellte Ingenieure die Anlagen seiner Mitglieder überwachen ließe; es war vereinbart, daß diese Überwachung vom Staat als gültig anerkannt werden würde; die Anlagen, die an die Berliner Elektrizitätswerke angeschlossen waren, sollten durch diese selbst kontrolliert werden.

1904 leiteten die größeren deutschen Bundesstaaten eine gesetzliche Regelung der Überwachung und Nachprüfung elektrischer Anlagen in die Wege. So wurde von der preußischen Regierung dem Abgeordnetenhause der Entwurf zu einem Gesetz über die Kosten der Prüfung überwachungsbedürftiger Anlagen zugestellt. Im Auftrage des Vorstandes richtete der Vorsitzende der Sicherheitskommission und der Generalsekretär des Verbandes an die Kommission des Abgeordnetenhauses, welche die Vorberatungen durchführte, eine Eingabe, in der gefordert wurde, daß die Sicherheitsvorschriften des Verbandes die Grundlage für die Überwachung bilden sollten, und daß diese selbst nicht von beliebigen Polizeiorganen, sondern von sachverständigen Elektrotechnikern auszuführen sei. In einer Besprechung mit Vertretern der Kommission des Abgeordnetenhauses wurden dann die Wünsche des Verbandes folgendermaßen festgesetzt:

Die Sicherheitsvorschriften sollen nicht nur als allgemeine Basis, sondern dem Wortlaute nach als Grundlage für die Revision angenommen werden. Änderungen dürfen nur unter Zuziehung des Verbandes Deutscher Elektrotechniker, der Vereinigung der Elektrizitätswerke, des Vereins Deutscher Ingenieure und des Deutschen Lloyds erfolgen. Die Prüfungen führen nicht Polizeibeamte aus, sondern es soll die Erlaubnis zur Überwachung und Prüfung den Leitern von Zentralen, Berufsgenossenschaften, Revisionsingenieuren oder Revisionsvereinen gegeben werden, nachdem sich die Behörde über die Zuverlässigkeit der betreffenden Personen vergewissert hat.

Ferner wurde der Wunsch ausgedrückt, daß die Überwachung nur auf solche Anlagen beschränkt werde, bei denen entweder größere Ansammlungen von Menschen in Frage kämen — wie Warenhäuser, Theater und ähnliche Gebäude — oder bei denen eine besondere Feuers- oder Lebensgefahr durch die Art des Betriebes oder die Höhe der verwendeten Spannung bestünde.

In verschiedenen Eingaben an die gesetzgebenden Körperschaften bat der Verband, den Entwurf zu einem Reichsgesetz zu erweitern. Diese Schritte hatten jedoch keinen Erfolg. Von seiten der preußischen Regierung wurde darauf hingewiesen, daß die Reichsverfassung geändert werden müßte, wenn ein entsprechendes Reichsgesetz zustande kommen sollte. Doch sagte der Minister für Handel und Gewerbe zu, daß eine Gleichmäßigkeit in den einzelnen Bundesstaaten nach Möglichkeit angestrebt werden sollte.

So wurde in Preußen das Gesetz am 8. Juni 1905 angenommen. Es regelt nur die Kostenpflicht, während es die Festsetzung über Art und Umfang der Prüfungen den Ausführungsbestimmungen überläßt, die das Ministerium der öffentlichen Arbeiten und das für Handel und Gewerbe festsetzen sollten. Für das erstere handelte es sich um die Aufstellung einer Polizeiverordnung für Straßenbahnen und straßenbahnähnliche Kleinbahnen; es erklärte sich auf Ansuchen des Verbandes Deutscher Straßen- und Kleinbahnverwaltungen und des Verbandes Deutscher Elektrotechniker bereit, in die zu erlassende Verordnung keine Einzelheiten über die elektrischen Einrichtungen der Bahnen aufzunehmen, sondern nur auf die Vorschriften des Verbandes Deutscher Elektrotechniker als Normen zu verweisen. Es wurde nur verlangt, daß die Vorschriften für Bahnen, die bis dahin in Form einer Ergänzung zu den allgemeinen Sicherheitsvorschriften bestanden hatten, zu einer in sich abgeschlossenen, von anderen Bestimmungen unabhängigen Arbeit ausgestaltet würden. Das Ministerium erklärte sich ferner grundsätzlich damit einverstanden, auch in Zukunft dem Verbande die Weiterentwicklung seiner Vorschriften in Anpassung an die Fortschritte der Elektrotechnik zu überlassen; die Regierung stellte in Aussicht, die in bestimmten Zeiträumen vorzuschlagenden Änderungen jeweils gutzuheißen. Damit die Sicherheitskommission über die Ansichten der Regierung stets unterrichtet sei, wurde der elektrotechnische Dezernent des Ministeriums der öffentlichen Arbeiten in die Sicherheitskommission aufgenommen.

Auch das Ministerium für Handel und Gewerbe war bereit, die Vorschriften des Verbandes Deutscher Elektrotechniker zum Bestandteil der zu erlassenden Polizeiverordnung zu machen, wenn ihnen eine geeignete Fassung gegeben würde. Dazu bedurfte es einer wesentlichen Abänderung der Vorschriften nach Form und Inhalt. Abgesehen von der an sich erwünschten Vereinfachung des Wortlautes mußten aus ihnen alle die Forderungen entfernt werden, die zwar in Normalfällen durchführbar und empfehlenswert sind, deren Nichtbeachtung aber doch nicht immer als strafbare Verfehlung angesehen werden kann.

Bei der Beratung dieser Abänderungen trat aber das Bedenken zutage, es könnten bei einer so allgemein gehaltenen Fassung die Vorschriften nicht mehr wie bisher als einheitliche Grundlage für die von den Elektrizitätswerken aufzustellenden Anschlußbedingungen dienen und eine Reihe doch sehr wertvoller Einzelheiten verloren gehen. Um dieser Schwierigkeit zu begegnen, hat man neben den Vorschriften eine Reihe von Ausführungsregeln aufgestellt, die mehr ins einzelne gehen und angeben, wie in Durchschnittsfällen die Forderungen der Vorschriften erfüllt werden können. Diese neue Fassung der Errichtungsvorschriften kam unter Mitwirkung eines Vertreters des preußischen Ministeriums für Handel und Gewerbe zustande, der seither Mitglied der Kommission geblieben ist und auch an den späteren Arbeiten mit voller Anteilnahme mitgewirkt hat. Auch allen späteren Fassungen der Errichtungs- und Betriebsvorschriften ist die Anerkennung durch die Behörden ausdrücklich zugesichert worden, wie auch die Vertreter mehrerer Regierungen sich bereit erklärt haben, die Weiterbildung der Vorschriften dem Verbande Deutscher Elektrotechniker anzuvertrauen.

Anläßlich der behördlichen Vorberatungen zu dem Telegraphenwegegesetz im Jahre 1899 wurde vom Verbande ein Gegenentwurf aufgestellt. Da man es nicht für zweckmäßig hielt, die Wünsche der Elektrotechniker in einer Petition dem Reichstag zu unterbreiten, wurde in einer Besprechung mit der Reichstelegraphenverwaltung festgestellt, welche Abänderungsvorschläge auf Annahme von der Reichsregierung rechnen könnten. Eine vom Vorstand auf Grund dieser Besprechungen dann an den Reichstag gerichtete Eingabe hatte nicht in allen Punkten den gewünschten Erfolg; im wichtigsten Punkte hatten jedoch die Bemühungen des Verbandes die gewünschte Wirkung. Wie in den Ausführungen über die wirtschaftliche Kommission, welche sich mit der Bearbeitung dieser Fragen beschäftigte, geschildert ist, entschloß sich die Reichspostverwaltung im Prinzip zur Anlage von Doppelleitungen für Telegraphenlinien, so daß in Zukunft die Fälle, wo Stark- und Schwachstrom in Kollision kommen konnten, viel seltener wurden.

Als 1900 ein im Reichsschatzamte ausgearbeiteter Entwurf zu einer neuen Anordnung des Deutschen Zolltarifs der Öffentlichkeit übergeben wurde, trat an den Verband die Aufgabe heran, der elektrotechnischen Industrie zu ihrem Rechte zu verhelfen, da sie in dem Entwurfe nicht gebührend berücksichtigt war. Auch diese Arbeiten, die wichtige Besprechungen mit den beteiligten Reichsämtern erforderten, wurden von der wirtschaftlichen Kommission durchgeführt. Dazu gehört in erster Linie die Eingabe an den Reichskanzler, um die Ausdehnung der deutschen Ein- und Ausfuhrstatistik auf die dreizehn wichtigsten Gruppen der elektrotechnischen Artikel zu begründen.

Ein Zusammenarbeiten mit dem Reichsmarineamt ergab sich aus der Anregung der Schiffbautechnischen Gesellschaft, die Frage zu studieren, ob sich Spannung und Stromart der Starkstromanlagen auf Schiffen allgemein festsetzen ließen. Mit der Durchführung dieser Arbeit war die Maschinennormalien-Kommission betraut.

Wegen der Besteuerung von Elektromobilen wandte sich 1907 das Reichsschatzamt um technische Auskünfte an den Verband; im Einvernehmen mit der Maschinennormalien-Kommission wurden Vorschläge für die Besteuerung alter und neuer Wagen gemacht.

Die Haupttätigkeit des Verbandes in den Jahren 1908 und 1909 galt der Besteuerung der Elektrizität. Sofort nach Erscheinen des Gesetzentwurfes konnte der Verband eine Kritik bringen; dies geschah in einer Sitzung des Elektrotechnischen Vereins am 21. Nov. 1908, zu der Vertreter aller zum Verbande gehörigen Vereine eingeladen waren, um den verschiedenen Interessenten zur Meinungsäußerung Gelegenheit zu geben; man war sich einig in der Verurteilung des Entwurfes. Elektrotechniker und Gasfachmänner wie die gesamte deutsche Industrie nahmen in schärfster Weise gegen den Entwurf Stellung, so daß er in den Kommissionsberatungen mit erdrückender Mehrheit abgelehnt wurde. Die Regierung war bereit, auf die Besteuerung von Elektrizität und Gas zu verzichten; die Steuer auf Beleuchtungsmittel aber sollte aufrechterhalten werden. Die Entscheidung des Reichstages entsprach diesen Vorschlägen. Wenn damit auch nach damaliger Ansicht der Fachkreise der unzweckmäßige Weg der Besteuerung der Produktionsmittel beschritten worden ist, so muß man zugeben, daß das kleinere Übel gewählt wurde und die Industrie von den außerordentlich schwerwiegenden Folgen der direkten Besteuerung der Elektrizität verschont blieb. Das Reichsschatzamt hat bei der Bearbeitung der Ausführungsbestimmungen den größten Teil der Wünsche der Industrie berücksichtigt.

Mit dem Reichsgesundheitsamt trat der Verband in Beziehungen, als es sich darum handelte, Versuche über die Einwirkung der verschiedenen Stromarten auf den menschlichen Körper anzustellen.

Auch mit den Unterrichtsbehörden ergaben sich Berührungspunkte; so machte 1911 der Verband beim preußischen Kultusministerium eine Eingabe über die Ausbildung von Ingenieuren der Schwachstromtechnik; diejenigen Bundesstaaten, welche Hochschulen besitzen, erhielten eine Abschrift der Eingabe. Dieses Vorgehen des Verbandes hatte den Erfolg, daß seit 1912 an den technischen Hochschulen Charlottenburg und Dresden eine Professur für Schwachstromtechnik eingerichtet wurde.

Die dem Ministerium für Handel und Gewerbe unterstellte Fachschule für Installations- und Betriebstechnik in Köln hatte den Wunsch ausgedrückt, daß im Kuratorium und im Prüfungsausschuß die in Betracht kommenden großen Fachverbände vertreten sein sollten. So wurde auch an den Verband das Ersuchen gerichtet, ein Mitglied mit der Vertretung im Kuratorium und Prüfungsausschuß zu beauftragen; hierzu wurde der Generalsekretär des Verbandes bestimmt.

In einer Eingabe an den Polizeipräsidenten von Berlin wurde 1911 vom Verbande darauf hingewiesen, daß ein Erlaß über die Anbringung von Bogenlampen vor Schaufenstern vom technischen Standpunkt aus zu großen Schwierigkeiten Anlaß biete. Unter Berücksichtigung der Wünsche des Verbandes erfolgte ein neuer Erlaß, gegen den technische Bedenken nicht mehr bestanden.

Der von der preußischen Regierung dem Abgeordnetenhause 1912 vorgelegte Entwurf eines Wassergesetzes enthielt Bestimmungen, durch welche die Elektrizitätswerke außerordentlichen Schädigungen ausgesetzt worden wären. Auch hier hat der Verband durch Zusammengehen mit dem Wasserwirtschaftlichen Verband Gelegenheit genommen, die Interessen der Elektrotechnik gebührend zu vertreten.

Auf dem Juristentage in Wien 1912 wurde die Frage der Schadenhaftung von elektrischen Anlagen behandelt und ein Beschluß gefaßt, welcher — als Gesetz — eine ungerechtfertigte Belastung der elektrischen Anlagen dargestellt hätte; es war daher notwendig, diesen juristischen Bestrebungen entgegenzutreten. Der Verband trat, einer Anregung der Vereinigung der Elektrizitätswerke folgend, zusammen mit dem Verein der Straßen- und Kleinbahnverwaltungen, einer gemeinschaftlichen Kommission bei, welche die Frage einer besonderen Haftpflicht elektrischer Anlagen einer Durcharbeitung unterziehen sollte. Dr. Passavant befaßte sich mit der Angelegenheit und stellte seine Arbeiten in einem Bericht und folgender Resolution zusammen:

„1. Weder durch die Prozeß-, noch die Unfallstatistik ist die Notwendigkeit einer Sondergesetzgebung für elektrische Anlagen nachgewiesen; aus diesem Grunde sind alle auf eine Sonderbehandlung der Elektrizität zielenden Bestrebungen abzulehnen.

W. Christiani
Vorsitzender 1912—1914

2. Wenn eine Modernisierung der Haftpflichtgesetzgebung überhaupt und ihre Anpassung an die Eigenschaften fortgeschrittener Betriebe der Neuzeit erforderlich erscheint, suche man diese Modernisierung auf der Grundlage einer Änderung des gemeinen Rechtes; jede Fortsetzung der Sondergesetzgebung ist nur geeignet, zu schädigen und zu verwirren.

3. Jede Ausdehnung der Haftpflicht des Elektrizitätswerkes auf die Anlagen der Abnehmer ist unbillig und undurchführbar, denn der Stromlieferer ist nicht imstande, die Energie zu kontrollieren, nachdem sie von dem Abnehmer übernommen ist."

Dieser Resolution wurde 1913 von der Jahresversammlung zugestimmt, nachdem sie auch auf der Jahresversammlung der Vereinigung der Elektrizitätswerke angenommen war. Sie wurde danach allen für den Gegenstand zuständigen Behörden übergeben.

Besonders rege Beziehungen bestehen zwischen dem Verbande und der Reichspostbehörde, deren Arbeitsgebiet im Telegraphenwesen ja den ältesten Zweig der Elektrotechnik und lange Jahre hindurch das einzige Feld der jungen elektrotechnischen Industrie bildete. Diese Interessengemeinschaft war von jeher in nahen persönlichen Beziehungen der leitenden Männer der Telegraphenverwaltung zu den führenden Elektrotechnikern zum Ausdruck gekommen; war doch sogar der Reichspostmeister Stephan gemeinsam mit Werner Siemens Gründer des elektrotechnischen Vereins gewesen; in gemeinsamen Beratungen von Verband und Reichstelegraphenverwaltung entstanden die allgemeinen Vorschriften für die Ausführung und den Betrieb neuer elektrischer Starkstromanlagen bei Kreuzungen und Näherungen von Telegraphen- und Fernsprechleitungen. Vertreter der Reichspost sind Mitglieder der Kommission für Errichtungsvorschriften, der Draht- und Kabelkommission, der Schwachstromkommission und der Kommission zum Studium der Beeinflussung von Schwachstromleitungen durch Hochspannungsanlagen.

Auch das Ministerium der öffentlichen Arbeiten hat an dem Zustandekommen vieler Vorschriften mitgewirkt. Auf die Sicherheitsvorschriften für elektrische Bahnen ist oben hingewiesen worden; zu erwähnen sind weiter die Vorschriften für Bahnkreuzungen.

Mit dem Ministerium für Landwirtschaft, Domänen und Forsten sind 1910 und 1913 Verhandlungen geführt worden über die Führung von Starkstromleitungen durch Forstbestände.

Besonders hervorzuheben sind noch die Physikalisch-Technische Reichsanstalt, das Königliche Materialprüfungsamt und die verschiedenen Prüfämter in einzelnen Bundesstaaten; das Zusammenwirken mit diesen Behörden ist im einzelnen in der geschichtlichen Entwicklung der einzelnen Kommissionen behandelt.

Auch die gelegentlich der Blitzschutzarbeiten an die Regierungen, Ministerien, Landwirtschaftskammern, Baubehörden usw. gemachten Eingaben zeigen, in welchem Umfange sich die Beziehungen des Verbandes zu den Reichs-, Staats-, Provinzial- und Kommunalbehörden entwickelt haben.

Während des Krieges hat ein Zusammenarbeiten mit diesen Stellen einen ganz außerordentlichen Umfang angenommen. So ist der Verband, bzw. der Generalsekretär zur Mitarbeit von den Behörden herangezogen worden; seiner Leitung unterstehen zur Zeit die Zentralstelle für die Ausfuhrbewilligungen in der Elektrotechnik, die Abteilung Elektrizität des Reichskommissariats für die Kohlenverteilung, und die Elektrizitätswirtschaftsstelle. Auch war er während der Dauer von $1\frac{1}{2}$ Jahren im Kriegsministerium mit der Leitung der Verteilungsstelle für elektrische Maschinen, nachdem sie von ihm neu eingerichtet worden war, betraut. Näheres hierüber ist in dem Abschnitt über die Kriegstätigkeit des Verbandes ausgeführt.

VI. Zusammenarbeiten mit andern deutschen Vereinigungen.

Die Vorschriften des Verbandes haben nicht nur Bedeutung für die Elektroindustrie, sondern auch für alle diejenigen, die sich nur als Stromverbraucher der elektrischen Anlagen bedienen. Da dies aber heute die gesamte Industrie ist, von der Großindustrie bis zum Kleinbetrieb und der Handwerkstätte, so boten die Arbeiten des Verbandes von jeher den verschiedenen technischen Interessengruppen Anlaß zu näherer Anteilnahme und Beschäftigung. Viele derartige Verbände sind denn auch — namentlich bei der Ausarbeitung von Vorschriften — zu tätiger Mitwirkung an den Bestrebungen und Arbeiten des V. D. E. herangezogen worden.

In ständiger Fühlung stand der Verband naturgemäß mit den übrigen elektrotechnischen Körperschaften. Auf Anregung des Generalsekretärs finden seit einer Reihe von Jahren von Zeit zu Zeit Zusammenkünfte statt, in denen die Geschäftsführer sich gegenseitig über die an den verschiedenen Stellen in Aussicht genommenen und den Stand der in Gang befindlichen Arbeiten unterrichten. An solchen Besprechungen nahmen außer dem Verbande teil: die Vereinigung der Elektrizitätswerke, der Verein zur Wahrung gemeinsamer Wirtschaftsinteressen der deutschen Elektrotechnik, der Verein deutscher Straßen- und Kleinbahnverwaltungen, der Verband der elektrotechnischen Installationsfirmen Deutschlands und die Geschäftsstelle für Elektrizitätsverwertung.

Die ältesten Beziehungen verbinden den V. D. E. und die Vereinigung der Elektrizitätswerke miteinander; in mannigfacher Zusammenarbeit in den Kommissionen des Verbandes sind sie zum Ausdruck gekommen; die Tätigkeit der Elektrizitätswerke stellt ja die praktische Handhabung alles dessen dar, was Inhalt und Gegenstand der Verbandsvorschriften ist; welchen Anteil die Vereinigung an den einzelnen Arbeiten des Verbandes hat, geht im einzelnen aus den Ausführungen über die Kommissionen und ihre Tätigkeit hervor.

Was über die Mitarbeit der Vereinigung gilt, trifft, wenn auch in geringerem Grade, gleichfalls für die anderen genannten Gruppen, die das elektrotechnische Fach vertreten, zu.

Von den nicht-elektrotechnischen Verbänden ist an erster Stelle und als ältester und bedeutendster, mit dem der V. D. E. in freundschaftliche Beziehungen und gelegentliche Arbeitsgemeinschaft trat, der Verein Deutscher Ingenieure zu nennen. In allgemeinen Fragen, die im Laufe der Zeit öfters die gesamte technische Industrie beschäftigten, ging er mit dem Verbande Hand in Hand; der immer häufiger und reger gewordene Gedankenaustausch wurde förderlich für beide Teile und ergab manche für die technische Allgemeinheit wertvolle und wichtige Anregung. In den Kreis dieser Beziehungen traten allmählich auch andere Körperschaften, wie der Verein deutscher Eisenhüttenleute, Verein Deutscher Maschinenbauanstalten,

Deutscher Verein von Gas- und Wasserfachmännern, Verein Deutscher Chemiker, Schiffbautechnische Gesellschaft, Verband Deutscher Architekten- und Ingenieur-Vereine u. a. m. — Mit ihnen allen verknüpfen den V. D. E. beruflich-freundschaftliche Beziehungen. Sie bildeten mit die Grundlage für eine Anregung, die hauptsächlich von dem Generalsekretär des Verbandes Deutscher Elektrotechniker ausging und im Jahre 1916 zur Gründung des Deutschen Verbandes technisch-wissenschaftlicher Vereine führte. Dieser Vereinigung der großen technisch-wissenschaftlichen Verbände, die mit ihren etwa 60000 Mitgliedern eine ganz Deutschland umfassende Organisation bildet, stehen in Zukunft große Aufgaben bevor; sie wird dazu berufen sein, in Fragen der technischen Gesetzgebung, der Vereinheitlichung technischer Grundformen, des technischen Unterrichtswesens, in allen die Technik und den technischen Stand berührenden Angelegenheiten mit Auskunft und Mitarbeit den staatlichen und städtischen Behörden und allen Kreisen des Volkes zur Seite zu stehen, hierbei aber auch der Technik im Rahmen des Ganzen die ihr zukommende Stellung zu sichern. —

Als 1901 Vorarbeiten zu einer Gebührenordnung für Architekten und Ingenieure vom Verband Deutscher Architekten- und Ingenieurvereine, vom Verein Deutscher Ingenieure und von anderen technischen Verbänden durchgeführt wurden, beteiligte sich auch der Verband Deutscher Elektrotechniker. Die so zustande gekommene Gebührenordnung konnte im Jahre 1912 nicht mehr als zeitgemäß gelten, so daß eine Neubearbeitung notwendig wurde; um ein einheitliches Vorgehen aller an dieser Frage interessierten Vereinigungen zu erzielen, wurde ein besonderer Ausschuß „Ago" gebildet, dem auch der Verband angehört. Die Gebührenordnung sollte dahin abgeändert werden, daß die für alle Fachrichtungen gemeinsamen Bestimmungen einen besonderen Teil bilden; die Sonderbestimmungen sollten getrennt bearbeitet werden. Der Abschluß dieser Arbeiten wurde durch den Ausbruch des Krieges aufgeschoben.

Ein großes Arbeitsgebiet für den Verband bildete die Blitzschutzfrage. Bereits 1885 hatte sich der Elektrotechnische Verein mit dem Blitzschutz beschäftigt und Leitsätze über den Schutz der Gebäude gegen den Blitz aufgestellt. Diese in jahrelanger Arbeit entstandenen Leitsätze wurden 1901 vom Verbande unverändert übernommen, wie 1913 die vom Elektrotechnischen Verein dazu ausgearbeiteten Erläuterungen und Ausführungsvorschläge und 1914 die Anhänge über Blitzschutz bei Fabrikschornsteinen, Kirchen und Windmühlen. Auf Beschluß der Jahresversammlung 1913 wurden die Leitsätze nebst Erläuterungen und Ausführungsbestimmungen den Regierungen der Bundesstaaten, den Verwaltungen der größeren Städte, Landwirtschaftskammern usw., sowie den in Frage kommenden technischen Verbänden übermittelt; für weitgehende Verbreitung wurde ferner durch Berichte in den technischen Zeitschriften und den Tageszeitungen gesorgt. Der Erfolg dieser Maßnahmen war, daß von den meisten Behörden eine offizielle Anerkennung der Leitsätze erfolgte, und von einer Reihe wichtiger Organisationen ging die Mitteilung ein, daß sie sich den Leitsätzen anschlössen und für deren Durchführung wirken wollten.

In ähnlicher Weise wurde ein 1917 aufgestelltes Merkblatt über die Behandlung der Blitzableiterfrage in den Schulen zur Verteilung gebracht; von den Unterrichtsministerien wurden die nachgeordneten Dienststellen angewiesen, im Sinne dieses Merkblatts auf die Jugend aufklärend zu wirken.

1917 gründete der Elektrotechnische Verein einen Ausschuß für Blitzableiterbau, an dem sich nebst anderen Vereinigungen auch der Verband beteiligte. Als

Aufgabe war gegeben die „Aufstellung von Bauvorschriften für die Errichtung von Gebäudeblitzableitern auf Grund der Leitsätze über den Schutz der Gebäude gegen den Blitz und der dazugehörigen Ausführungsvorschläge, Verbreitung der Kenntnis von der Wirksamkeit des Blitzableiters und von den an einen solchen zu stellenden Anforderungen; Forderung des Blitzableiterbaus, insbesondere bei ländlichen Gebäuden". Als erste Veröffentlichung dieses Ausschusses wurde ein Merkblatt herausgegeben: Richtlinien über Herstellung und Auswechselung von Blitzableitern für die Dauer der Kriegsverhältnisse.

Auf Anregung der Schiffbautechnischen Gesellschaft beschäftigte sich 1902 der Verband mit der Frage der Stromart und Spannung der elektrischen Starkstromanlagen auf Schiffen. Näheres hierüber ist im Bericht über die Maschinennormalienkommission mitgeteilt (s. S. 39).

Eine vom Verein für den Schutz des gewerblichen Eigentums herausgegebene Denkschrift gab dem Verbande 1904 Gelegenheit zur Berührung mit diesem Verein. In der Denkschrift waren Vorschläge über Kritik und Ausgestaltung des deutschen Patentwesens enthalten. Diesen Fragen hatte der Verband von jeher ein besonderes Interesse entgegengebracht; eine besondere Kommission war hierfür tätig (s. S. 40). Auch an der Revision des Patentgesetzes beteiligte er sich 1914; er war vertreten in den Kommissionen, die vom Deutschen Verein für den Schutz des gewerblichen Eigentums sowie vom Zentralverbande Deutscher Industrieller eingesetzt waren. Bei dem vom Deutschen Verein für den Schutz des gewerblichen Eigentums 1914 in Augsburg veranstalteten Kongreß war der Verband ebenfalls vertreten; dieser Kongreß nahm zu der in Aussicht stehenden Reform des gewerblichen Schutzes Stellung. Die Revision des Patentgesetzes hat infolge des Krieges noch keinen Abschluß gefunden.

An der Gründung des 1907 vom Elektrotechnischen Verein ins Leben gerufenen Ausschusses für Einheiten und Formelgrößen (AEF) nahm der Verband tätigen Anteil. Er ist in ihm durch zwei ständige Mitglieder vertreten. Von diesem Ausschuß wurden bisher nachstehende Beschlüsse herausgegeben: der Wert des mechanischen Äquivalents; Leitfähigkeit und Leitwert; Temperaturbezeichnung, Einheit der Leistung; Formelzeichen des AEF; Zeichen des AEF für Maßeinheiten.

Gemeinsame Arbeit mit dem Verein Deutscher Eisenhüttenleute ergab eine Revision der „Normalien für die Prüfung von Eisenblech", welche von einem besonderen Komitee der Maschinennormalienkommission 1910 durchgeführt wurde (s. S. 40).

1911 beteiligte sich der Verband an einer Eingabe, welche der „Geschäftsausschuß für Schulreform im Sinne staatsbürgerlicher Erziehung" an die Bundesregierungen richtete.

Auf Veranlassung der Vereinigung der Elektrizitätswerke wurde 1911 die Geschäftsstelle für Elektrizitätsverwertung gegründet. An der Gründung war gleichfalls der Verband beteiligt, außer ihm und der genannten Vereinigung noch der Verein zur Wahrung gemeinsamer Wirtschaftsinteressen der deutschen Elektrotechnik, die Vereinigung Deutscher Elektrizitätsfirmen und der Verband der elektrotechnischen Installationsfirmen in Deutschland. Das Unternehmen umfaßt mithin die gesamte deutsche Elektrotechnik. Seine Aufgabe ist die Vertretung aller seinen Mitgliedern gemeinsamen Interessen. Diese Aufgabe wird durchgeführt mit einer ausgedehnten Werbetätigkeit in Wort, Schrift und Bild, neuerdings auch im Film,

G. Klingenberg
Vorsitzender seit 1914

mit einer Zentralstelle für Erteilung von Auskünften in allen elektrotechnischen Angelegenheiten und durch genaue Verfolgung der gesamten Litteratur, soweit sie sich auf Verwertung der Elektrizität bezieht. Es ist zu erwarten, daß der Tätigkeitsbereich der Geschäftsstelle sich infolge der gesteigerten Aufgaben der Elektrotechnik nach dem Kriege noch erweitern wird.

Auf Einladung des Vereins Deutscher Ingenieure beteiligte sich 1912 der Verband an Verhandlungen über das Verdingungswesen und später an Beratungen eines Ausschusses, der sich mit der grundsätzlichen Stellung der technichen Verbände zum Erlaß behördlicher Vorschriften über technische Angelegenheiten beschäftigen sollte.

Bei den Beratungen der Lichtkommission hatte es sich als wünschenswert herausgestellt, daß in Deutschland, wie es in andern Ländern schon seit langer Zeit geschieht, die beleuchtungstechnischen Aufgaben von einem Mittelpunkt aus zur Behandlung gestellt würden, damit nicht verschiedene Fachgebiete, wie Gastechnik und Elektrotechnik, auf dem gleichen wissenschaftlichen Gebiet getrennt arbeiten. Um solche einheitliche Behandlung zu ermöglichen, wurde 1912 von dem Generalsekretär der Vorschlag gemacht, eine Vereinigung aller beleuchtungstechnischen Interessenten zu schaffen. Die Physikalisch-Technische Reichsanstalt übernahm die Vorarbeiten, und unter Beteiligung des Verbandes und des Deutschen Vereins von Gas- und Wasserfachmännern wurde die Deutsche beleuchtungstechnische Gesellschaft gegründet.

Ein von der preußischen Regierung dem Abgeordnetenhause 1912 vorgelegter Entwurf eines Wassergesetzes enthielt Bestimmungen, die eine Schädigung der Elektrizitätswerke befürchten lassen mußten. Infolgedessen schloß sich der V. D. E. dem wasserwirtschaftlichen Verbande an, der es zuerst übernommen hatte, die Wünsche der Industrie an geeigneter Stelle zur Geltung zu bringen. Es gelang, die Kommission des Abgeordnetenhauses von der Schädlichkeit der beanstandeten Teile des Gesetzentwurfes zu überzeugen; daraufhin wurde der Entwurf abgeändert und das Gesetz so gestaltet, daß von seiten der Elektrotechnik keine Bedenken mehr vorhanden waren.

Wie in dem Berichte über die Kommission für die praktische Ausbildung von Studierenden erwähnt ist, hat der Verband, nachdem die Kommission ihre Arbeiten 1911 vorläufig abgeschlossen hatte, das Ergebnis der Arbeiten und das weitere Arbeitsprogramm der Kommission dem Deutschen Ausschuß für technisches Schulwesen zur weiteren Behandlung überwiesen. Von diesem Ausschuß wurde zunächst ein Ratgeber für die Berufswahl unter dem Titel: „Die Ausbildung für den technischen Beruf in der mechanischen Industrie" herausgegeben. Mit den Ministerien der Bundesstaaten, welchen die Schulen unterstehen, wurde eine möglichst umfangreiche Verbreitung dieses Ratgebers an die jungen Leute, welche die Schule verlassen, vereinbart und eine Vermittlungsstelle für Praktikanten geschaffen. Das Resultat der Arbeiten dieses Ausschusses entsprach den Anregungen und Wünschen des Verbandes, wobei aber nicht nur die Elektrotechnik, sondern die gesamte deutsche Technik berücksichtigt worden ist.

Gelegentlich der Behandlung dieser Angelegenheit im Vorstande kam zur Sprache, daß es wünschenswert sei, wenn Praktikanten einen Teil ihrer Tätigkeit auch im Betriebe von Elektrizitätswerken verbrächten. Um dies zu erreichen, wurde in einer Eingabe an die deutschen Hochschulen vorgeschlagen, die in solchen Betrieben zugebrachte Arbeitszeit auf die vorgeschriebene praktische Tätigkeit anzurechnen. Die Vereinigung der Elektrizitätswerke erklärte sich bereit, ihre Mitglieder nach Möglichkeit dafür zu interessieren, daß sie Praktikanten zur Beschäftigung in ihren Betrieben aufnähmen. So gelang es, etwa 140 Elektrizitätswerke zu finden, welche Studierenden in höheren Semestern Gelegenheit zu einer mehrmonatigen Tätigkeit geben; ungefähr 200 Arbeitsplätze stehen dafür zur Verfügung.

Eine Ausgestaltung der Schiedsgerichte wurde 1913 vom Verbande Deutscher Architekten- und Ingenieurvereine angeregt. Bei den Vorberatungen war auch der Verband beteiligt. Es wurde in Aussicht genommen, eine neue Schiedsgerichtsordnung aufzustellen und eine Zentralstelle für das Schiedsgerichtswesen zu bilden, deren Geschäftsführung in den Händen des Architekten- und Ingenieurvereins liegen sollte. Durch den Krieg wurde die endgültige Regelung auch dieser Arbeit hinausgeschoben. —

In gemeinsamen Sitzungen mit dem Deutschen Luftschifferverbande wurde die Kennzeichnung von Starkstromleitungen für Luftschiffer und andere Schutzmaßnahmen an Freileitungen für Luftfahrer beraten. Im Juli 1914 wurde von Vertretern der beteiligten Verbände mit dem Zeppelinluftschiff Hansa eine Probestrecke befahren, deren Ergebnis war, daß keine der bis dahin vorgeschlagenen Markierungen der Freileitungen ihren Zweck vollständig erfüllte. Infolge des Krieges wurden die Arbeiten nicht weiter fortgesetzt.

Auf Anregung des Vereins Deutscher Ingenieure schufen Technik und Industrie ein Kapital, von dessen Zinsen in Not geratenen Technikern, soweit sie sich anerkannte Verdienste um die technischen Wissenschaften und um die Industrie erworben haben, für ihr Alter und zur Erhaltung ihrer Familien angemessene Beiträge gestiftet werden sollen. Zu diesem „Ehrensolde der Industrie" spendete auch der Verband einen Beitrag; an der Verwaltung ist er durch einen Vertreter beteiligt. —

VII. Zusammenarbeiten mit ausländischen Vereinigungen.

Weit über die Grenzen Deutschlands hinaus haben die Arbeiten des Verbandes Anerkennung gefunden; zum Teil sind sie unverändert im Auslande in Anwendung gekommen. Ihre Verbreitung wurde dadurch wesentlich gefördert, daß sie ins Englische, Französische, Russische, Spanische, Italienische und Polnische übersetzt worden sind. Rege Beziehungen des Verbandes zum Ausland haben sich daraus entwickelt.

An Fragen, an denen die elektrotechnischen Kreise der ganzen Welt interessiert waren, hat der Verband stets Anteil genommen; so war er fast stets bei den internationalen Elektrotechnikerkongressen beteiligt; er wurde bereits im ersten Jahre seines Bestehens auf dem elektrotechnischen Kongreß zu Chicago durch Dr. Budde vertreten; außerdem hatte eine größere Anzahl Mitglieder die Reise zu der Chicagoer Ausstellung, mit welcher der Kongreß verbunden war, unternommen.

1902 fand in Moskau ein von 600 russischen Elektrotechnikern besuchter Kongreß statt, dem als Vertreter des Verbandes Professor Hartmann beiwohnte.

Als im Juni 1906 in London eine vorbereitende Sitzung zur Gründung einer internationalen elektrotechnischen Körperschaft stattfand, beteiligte sich der Verband gleichfalls. Die Vorbesprechung führte zur Gründung der Internationalen Elektrotechnischen Kommission (I. E. C.), in der schließlich 24 Staaten mitwirkten; das dabei vorgesehene deutsche Komitee wurde vom Verbande gemeinsam mit der Vereinigung Deutscher Elektrizitätsfirmen und der Vereinigung der Elektrizitätswerke gebildet. Es bestand zunächst aus den Herren Budde, Dettmar, Görges, Prücker, Singer, Schüler und Stern; später wurde es erweitert durch die Herren Friese, Kloß, Lasche, Nernst, Passavant, Strecker, Süchting, Warburg. Den Vorsitz führte Prof. Budde. Er wurde im Jahre 1911 auch zum Vorsitzenden der Gesamtkommission gewählt und war auf der Jahresversammlung 1912 in Leipzig Gegenstand besonderer Ehrungen, die ihm seitens des englischen Komitees als Anerkennung seiner Wirksamkeit in diesem Amt erwiesen wurden. Die I. E. C. tagte zuletzt im September 1913 in Berlin.

Bei der Ausarbeitung von „Normalien für die Stromart und Spannung auf Schiffen" wurde es für zweckmäßig gehalten — um die Vorteile dieser Normierung zu erhöhen —, auch eine Vereinbarung mit der Institution of Naval Architects zu erzielen, um diesen Normalien auch bei den englischen Schiffbauern Eingang zu verschaffen. Es wurde deswegen mit dem englischen Engineering Standards Committee verhandelt; unter Teilnahme des Generalsekretärs fand eine Sitzung in London statt.

Besonders rege Beziehungen unterhält der Verband zu den Elektrotechnischen Vereinigungen in Österreich, Ungarn und der Schweiz.

Mit dem Schweizerischen Elektrotechnischen Verein hatte er schon längere Zeit auf dem Gebiete des Installationswesens zusammen gearbeitet, indem öfter ein

Vertreter des Schweizer E. V. an den Beratungen der Kommission für Installationsmaterial und der Kommission für Schaltapparate teilnahm; auf der Jahresversammlung des Schweizer Vereins 1912 wurde beschlossen, dieses Zusammenarbeiten auch auf andere Gebiete zu übertragen. Mitglieder des Wiener Vereins hatten an verschiedenen Kommissionsberatungen teilgenommen. Bei den Jahresversammlungen waren Vertreter aus den genannten Ländern gern gesehene Gäste.

Da in diesen deutschsprechenden Ländern allmählich immer mehr gleichartige Bestimmungen über elektrische Anlagen und elektrotechnische Erzeugnisse herausgegeben wurden, so lag es im gegenseitigen Interesse, eine möglichst weitgehende Einheitlichkeit und wenn angängig Übereinstimmung aller Vorschriften anzustreben.

Daher wurden auf Anregung des Generalsekretärs hin mit den drei genannten Vereinigungen schließlich förmliche Abkommen getroffen, die ein planmäßiges Zusammenarbeiten begründeten. Der Inhalt dieser Abmachungen ist in der Vereinbarung mit dem Wiener Elektrotechnischen Verein folgendermaßen ausgesprochen:

1. Jeder Verband gibt dem anderen Kenntnis von dem Bestehen oder der Bestellung fachtechnischer Kommissionen und von ihrem Arbeitsfeld.

2. Finden Sitzungen solcher Kommissionen, an deren Arbeiten teilzunehmen der andere Verband den Wunsch ausgedrückt hat, oder einschlägige Versuche und dgl. statt, an denen Kommissionsmitglieder teilnehmen können, so werden dieselben so zeitlich als möglich dem anderen Verbande angezeigt.

3. Zu diesen Sitzungen und dgl. kann alsdann der andere Verband beliebige von ihm bezeichnete Mitglieder abordnen, immer unter Wahrung derjenigen besonderen Vorschriften, die etwa der veranstaltende Verband mit Rücksicht auf geschäftliche Verhältnisse auch seinen eigenen Mitgliedern gegenüber aufstellte.

   Die abgeordneten Mitglieder des anderen Verbandes haben in den Verhandlungen beratende Stimme.

4. Jeder Verband kann sich zu Verhandlungen von Kommissionen des anderen Verbandes, an denen er Teilnahme erklärt, auch schriftlich äußern, sowohl als Verband, wie auch durch delegierte Mitglieder. Solche Äußerungen sind in den Sitzungen gleich zu behandeln, wie solche von Mitgliedern des eigenen Verbandes.

5. Jeder Verband stellt von den Kommissionen, an denen der andere Teilnahme erklärte, die Protokolle, Berichte und übrigen Vervielfältigungen, die den eigenen Mitgliedern zugestellt werden, auch dem anderen Verbande zu, und zwar gratis in je drei Exemplaren, bei rechtzeitiger Bestellung auch in größerer Anzahl gegen Bezahlung der Selbstkosten.

6. Der gesamte Verkehr geht durch das Generalsekretariat unseres Verbandes und durch das Sekretariat Ihres Vereines.

Auf Grund dieser Vereinbarungen wird es möglich sein, die erstrebte Einheitlichkeit der Vorschriften in Zukunft immer weiter auszudehnen und auf dem mitteleuropäischen Versorgungsgebiet der Elektroindustrie erhebliche Vereinfachungen und damit Erleichterung zu schaffen.

Die Beziehungen zu der englischen Elektroindustrie wurden 1906 durch einen Besuch einer größeren Anzahl von Verbandsmitgliedern erweitert; bei der Internationalen Zusammenkunft der Elektrotechniker in England war Deutschland durch 90 Herren und 15 Damen vertreten.

E. Rathenau †
Ehrenmitglied seit 1914

Ein recht lebhafter Verkehr wurde mit den elektrotechnischen Organisationen der Vereinigten Staaten unterhalten. Bei der Eröffnung des Carnegie-Instituts in New York, zu der der Verband eingeladen worden war, hatte Dr. Eichberg die Vertretung des Verbandes übernommen. Mit dem American Institute of Electrical Engineering wurde ferner 1913 ein Gegenseitigkeitsabkommen getroffen, wonach die Mitglieder auf Grund eigens hierfür ausgestellter Ausweise wechselseitig besonderer Förderung beim Aufenthalt in dem fremden Lande teilhaftig werden sollten; ebenso wurde mit dem American Institute sowie mit der Société Internationale des Electriciens — von der diese Anregung ausging — ein Austausch der Berichte über wichtigere Vorträge vereinbart.

Die Beziehungen zu den Ostseestaaten wurden anläßlich des 1914 in Malmö stattfindenden Ingenieurkongresses erweitert, zu welchem als Vertreter des Verbandes der Generalsekretär entsandt wurde.

Außerdem hat der Verband in gelegentlichem Gedankenaustausch mit den verschiedensten anderen elektrotechnischen Organisationen des Auslandes gestanden.

VIII. Max Günther-Stiftung.

Der am 18. März 1909 zu Berlin verstorbene Verlagsbuchhändler und Druckereibesitzer Max Günther hatte in seinem Testament folgendes angeordnet: „Im Falle meines Todes vermache ich vorerst für wohltätige Zwecke eine Summe von 300 000 Mark einer Max Günther-Stiftung, von deren Zinsen Angehörige der elektrotechnischen Industrie, besonders auch Techniker und Monteure für ihre Ausbildung unterstützt werden sollen. Die Leitung darüber soll unter Staatsaufsicht der Verband Deutscher Elektrotechniker mit Hinzuziehung eines meiner Erben und des jeweiligen Redakteurs des ‚Elektrotechnischen Anzeigers‘ erhalten."

In einem Nachtrage hierzu war vom Erblasser die Stiftungssumme von 300 000 auf 500 000 Mark erhöht worden.

Auf Grund dieser testamentarischen Bestimmungen ist die Max Günther-Stiftung errichtet worden; sie hat am 12. März 1912 die königliche Genehmigung erhalten.

Entsprechend dem Willen des Stifters, dessen Wunsch in erster Linie dahin ging, den Kreisen, die hauptsächlich die Leser des von ihm herausgegebenen Elektrotechnischen Anzeigers stellen, eine Förderung zuteil werden zu lassen, ist in der Satzung als Zweck der Stiftung ausgesprochen: „Angehörige der elektrotechnischen Industrie, besonders auch Techniker und Monteure bei ihrer Ausbildung zu unterstützen."

Die Stiftung wird von einem Vorstande verwaltet, der aus vier ehrenamtlich tätigen Mitgliedern gebildet ist, und zwar zwei Vertretern des V. D. E., einem Vertreter der Erben des Stifters und dem jeweiligen Schriftleiter des Elektrotechnischen Anzeigers.

Als Verbandsvertreter gehören seit Errichtung der Stiftung die Herren Strecker (Vorsitz) und Dettmar (Kassenwart), als Redakteur des Anzeigers Herr Grünwald dem Vorstande an; die Güntherschen Erben waren zunächst durch Herrn Bernhard Günther vertreten und sind es seit dessen am 23. Mai 1916 erfolgten Tode durch Herrn Reinhold Günther.

Die Erledigung der laufenden Arbeiten ist von der Geschäftsstelle des V. D. E. übernommen worden. Schriftführer der Stiftung ist Dipl.-Ing. K. Schlesinger. Als beratende Körperschaft steht dem Vorstande eine vom Verbande für diesen Zweck eingesetzte Kommission zur Seite, der die Herren Berliner, Dettmar, Deutsch, Herrmann, Montanus, Rössler, Strecker (Vorsitz) angehören. In Gemeinschaft mit dieser Kommission wurden zunächst vom Vorstand die Grundsätze für die Bearbeitung der Gesuche festgelegt. Die einzelnen Gesuche werden nach Erledigung der für die Entscheidung erforderlichen Vorarbeiten von der Geschäftsstelle den Kommissionsmitgliedern zur Beurteilung vorgelegt; die Kommissionsurteile bilden dann die Unterlage für die Entscheidungen des Vorstandes.

Die Stiftung hat ihre Tätigkeit im Herbst 1912 mit der Veröffentlichung eines Aufrufes in der E. T. Z. und im Elektrotechnischen Anzeiger aufgenommen und seit dieser Zeit 181 Gesuche bearbeitet. Es wurden im ganzen 127 Unterstützungen bewilligt, deren Gesamtbetrag sich auf 91 283 Mark beläuft und die sich über die Zeit vom Dezember 1912 bis September 1919 erstrecken.

Weitaus die größte Zahl dieser Gesuche wurde in der Zeit vor dem Kriege erledigt. Infolge der allgemeinen Einberufungen zum Heeresdienst ist dann die Tätigkeit der Stiftung erheblich zurückgegangen. Aus dem gleichen Grunde konnten die bewilligten Unterstützungen erst zum Teil ausgezahlt werden. Im Laufe des letzten Jahres belebte sich aber die Tätigkeit der Stiftung wieder durch Gesuche von Kriegsbeschädigten, die, aus dem Heeresdienst entlassen, unter veränderten körperlichen Voraussetzungen ihrem Berufe wieder zugeführt werden sollen. Insbesondere gab der bei der Elektrotechnischen Lehranstalt des Physikalischen Vereins Frankfurt a. M. eingerichtete Kriegsbeschädigten-Unterricht willkommene Gelegenheit, einer Anzahl von Elektrotechnikern, die ihre frühere Bewegungsfähigkeit verloren haben, durch Stiftungsbeiträge den Übergang in geeignete Stellungen innerhalb ihres alten Berufes zu erleichtern.

In dieser Richtung wird sich voraussichtlich auch in den kommenden Jahren die Stiftung vorzugsweise betätigen können. Ferner wird sie ihr Augenmerk auf die Förderung des Nachwuchses in den durch den Krieg gelichteten Reihen der handwerks- und schulmäßig ausgebildeten Elektrotechniker zu richten haben.

Die Mittel der Stiftung kommen dem vielfach empfundenen Bedürfnis entgegen, den Technikern mit niederer Schulbildung, aber gründlicher praktischer Ausbildung und Erfahrung, zur Aneignung der Kenntnisse zu verhelfen, durch die sie die Möglichkeit erhalten,- sich in mittlere Stellungen in Betrieb, Werkstatt und Büro emporzuarbeiten und Lebensstellungen zu erreichen, die ihnen bei rein arbeitermäßiger Ausbildung im allgemeinen versagt bleiben müßten. Die Grundlagen hierfür können nur in einem Lehrgang gegeben werden, der sachlich und pädagogisch den Voraussetzungen der Schüler angepaßt und nach einer vernünftigen Zielsetzung begrenzt ist. In Fühlungnahme mit dem Deutschen Ausschuß für technisches Schulwesen und dem Kgl. Preuß. Ministerium für Handel und Gewerbe hat deshalb die Stiftung ihren Einfluß auch geltend gemacht zur Bekämpfung und Beseitigung minderwertigen Unterrichts und hat bei den Gesuchstellern stets dahin gewirkt, daß die Stiftungsmittel in jedem Falle nur für eine Ausbildung benutzt wurden, die ebenso im Interesse des Unterstützten wie der Entwicklung des Fachs und des elektrotechnischen Standes liegt.

An der Aufbringung der Kriegsanleihen hat die Stiftung sich mit 187 000 M. beteiligt.

Mit dem Abschluß des Krieges und der Rückkehr der Kriegsteilnehmer in ihren bürgerlichen Beruf wird für die Stiftung Gelegenheit zur Aufnahme ihrer segensreichen Tätigkeit in weitesten Umfange gegeben sein.

IX. Kriegstätigkeit des Verbandes.

Das Geschäftsjahr 1913/14 bildete einen Höhepunkt der Verbandstätigkeit: Die Errichtungs- und Betriebsvorschriften wurden vollständig umgestaltet und die Bestimmungen für Installationsmaterial und Schaltapparate neu bearbeitet, so daß alle die sachlich in Zusammenhang stehenden Verbandsvorschriften nach Form und Inhalt in Übereinstimmung gebracht waren. Die hierfür zu leistende Arbeit ging weit über das normale Maß der Verbandstätigkeit hinaus (es fanden in dem einen Jahre nicht weniger als 116 Kommissionssitzungen statt), aber mit Anspannung aller Kräfte der Beteiligten gelang es, bis zur Jahresversammlung in Magdeburg (Mai 1914) die in Frage kommenden Vorlagen fertigzustellen und damit einen neuen Abschnitt der Verbandstätigkeit zu erreichen. Man glaubte nunmehr für eine Reihe von Jahren von Änderungen oder wesentlichen Neuerungen an den wichtigsten Vorschriften absehen zu dürfen und hoffte, die Durchführung der neuen Beschlüsse in aller Ruhe vornehmen zu können.

Wenige Wochen später brach der Krieg aus. Er bewirkte alsbald eine völlige Umschaltung der Tätigkeit des Verbandes. Gehörte doch gerade der V. D. E. zu den Organisationen, die durch die Art ihrer Zusammensetzung, ihrer Arbeiten und ihrer Erfahrungen in erster Linie berufen waren, die so bald erforderliche Arbeit im Interesse der Rohstoffersparnis und Ersatzstoffverwertung mit durchführen zu helfen.

In mittelbarem Zusammenhang mit den ersten behördlichen Arbeiten zur Rohstoffbewirtschaftung wurde zunächst vom Generalsekretär eine Denkschrift über Deutschlands Bestand und Verbrauch an Kupfer ausgearbeitet und den in Frage kommenden Behörden zur Verfügung gestellt.

Die Arbeiten der Kommissionen wurden bei Ausbruch des Krieges zunächst ganz eingestellt. Durch die Beschlagnahme der gerade für die Elektrotechnik wichtigsten Stoffe, Kautschuk und Kupfer, wurden aber sehr bald Ausführungen elektrotechnischer Erzeugnisse unvermeidlich, die den Verbandsvorschriften nicht mehr entsprechen konnten, und demgemäß wurden Änderungen und Ergänzungen der verschiedenen Vorschriften nötig, die dem Zwange der Verhältnisse und dabei doch dem Bedürfnisse, zuweitgehende Willkür und Unsorgfältigkeit zu verhindern, Rechnung tragen sollten.

Zunächst begann die Draht- und Kabelkommission mit Beratungen über Schaffung von Ersatzleitungen. Als Ersatzmaterial für Kupfer kam von den verfügbaren Metallen in erster Linie Eisen und Zink in Betracht. Um zu ihrer allgemeinen Anwendung in Freileitungen die nötigen Unterlagen herausgeben zu können, waren wegen der Berücksichtigung der magnetischen Eigenschaften des Eisens bei Wechselstrom eingehende Versuche und theoretische Arbeiten nötig, die in den Laboratorien einiger Firmen mit großer Beschleunigung durchgeführt wurden. Nach ganz kurzer Zeit konnten die ersten Anleitungen vom Verbande veröffentlicht werden, sie wurden später noch durch ausführliche Angaben vervollständigt.

S. Kapp
Generalsekretär 1894—1905

Die Verwendung von Eisen und Zink für isolierte Leitungen und Kabel machte verhältnismäßig geringe Schwierigkeiten, die im wesentlichen die mechanische Behandlung der Leitungen bei der Verlegung betrafen. — Die zum Vergleich erforderliche Zusammenstellung der wichtigsten elektrischen Konstanten der verschiedenen Metalle (zu Eisen und Zink kam später auch Aluminium) und die von der Kommission ausgearbeiteten Merkblätter über die Verwendung von Zink als Leitungsmaterial und über die Verlegung der Manteldrähte mit Eisenleiter gaben zweckmäßige Anweisungen für die praktische Benutzung der Ersatzleitungen.

Zur Isolierung wurde bei den Leitungen, als außer Gummi allmählich auch Seide, Baumwolle und Jute u. dgl. dem allgemeinen Gebrauch entzogen wurden, in steigendem Maße Papier benutzt. — Die außerordentliche Vervollkommnung der Papierverarbeitung, die während des Krieges erzielt wurde, schaffte die Möglichkeit, Papier als Umwicklung in Bandform, als Umflechtung und Umklöppelung in jeder Stärke anwenden zu können.

Nach den Leitungen kamen bald auch die anderen Haupterzeugnisse der Elektrotechnik zur Ausführung mit Ersatzstoffen. Im wesentlichen handelte es sich überall um dasselbe: Kupfer durch Eisen oder Zink — später in manchen Fällen Aluminium —, Kautschuk und Baumwolle durch Papier zu ersetzen. — Diese Aufgabe beschäftigte die verschiedenen Kommissionen auf ihren Teilgebieten.

Die Errichtungskommission mußte ihre gesamten Arbeiten auf ihre Durchführbarkeit hin prüfen und gab besondere Anweisungen für die Handhabung der einzelnen Bestimmungen heraus.

Die Maschinennormalienkommission gab „Normalien für die Verwendung von Ersatzstoffen bei Maschinen und Transformatoren" heraus, ebenso die Kommissionen für Installationsmaterial, Schaltapparate und Zähler für die von ihnen behandelten Gegenstände.

Die Beschlüsse dieser Kommissionen wurden in Sonderdrucken in sehr großem Umfange an die Industrie verteilt; im Dezember 1915 ist zum ersten Male eine Zusammenstellung aller Ausnahmebestimmungen herausgegeben worden, von der bisher vier jeweils ergänzte Auflagen erschienen sind.

Auf Anregung des Technischen Stabes des Kriegsamtes veranstaltete der Verband im Sommer 1917 bei den elektrotechnischen Firmen eine Umfrage über die Erfahrungen, die mit der Herstellung von Aluminiumverbindungen gemacht waren. Die Antworten wurden zu einem Merkblatte verarbeitet und in dieser Form dem Kriegsamte zur Verfügung gestellt.

All diesen Arbeiten kommt eine große Bedeutung über den Krieg hinaus zu: In der ständigen Erneuerung und der Anpassung an die jeweiligen Erfordernisse, in der sie von den Kommissionen erhalten werden, stellen sie den Niederschlag der Erfahrungen dar, die während der Kriegszeit in der Elektroindustrie bei der Verwendung aller erreichbaren Rohstoffe gemacht wurden, und werden als Unterlage dienen für die Bestrebungen, auch in Friedenszeiten der deutschen Industrie und Volkswirtschaft eine größere Unabhängigkeit vom Ausland zu sichern.

Das große allseitige Interesse, das die Verbandsarbeiten auf diesem Gebiet fanden, zeigte sich in dem sehr starken Besuch der im Jahre 1916 in Frankfurt a. M. veranstalteten Jahresversammlung. Bei dieser Tagung, die gleichzeitig der Erinnerung an die vor 25 Jahren in Frankfurt veranstaltete elektrotechnische Ausstellung gewidmet war, erstattete der Generalsekretär einen zusammenfassenden

Bericht über die Kriegsarbeiten des Verbandes, dessen Inhalt veranschaulicht wurde durch eine Ausstellung elektrotechnischer Erzeugnisse, die unter Verwendung von Ersatzstoffen hergestellt waren. — Diese Ausstellung fand solchen Anklang, daß sie in einer Reihe von Städten wiederholt wurde, und sie gab schließlich den Anstoß zur Errichtung einer ständigen Ausstellung von Ersatzstoffen in Berlin, die sich auf die gesamte mechanische Industrie erstreckt. Diese Ausstellung wurde von der Metallfreigabestelle unter Mitwirkung des Verbandes und einiger anderer technischer Vereine in den Ausstellungshallen am Zoologischen Garten errichtet und besteht seit dem Sommer 1917.

Um die Aushilfskonstruktionen während des Krieges der Geschäftspolitik zu entziehen und zum Allgemeingut zu machen, wurde unter Führung des Verbandes eine Schutzvereinigung gebildet, deren Angehörige sich gegenseitig für die Zeit des Krieges und für eine bestimmte Frist nachher die Benutzung etwaiger Schutzrechte für diejenigen Patente und Gebrauchsmuster freigeben, nach denen die durch den Krieg knapp gewordenen Stoffe durch andere ersetzt werden, soweit elektrotechnische Erzeugnisse in Frage kommen. Alle namhaften elektrotechnischen Firmen haben sich dieser Vereinigung angeschlossen.

Im Februar 1915 trat das Reichsamt des Innern an den Generalsekretär des Verbandes mit der Aufforderung heran, als Vertrauensmann für Ausfuhrfragen zu wirken und die Leitung einer hierfür neu einzurichtenden Zentralstelle zu übernehmen. Gleich nach Kriegsausbruch waren vom Reichskanzler Ausfuhrverbote in größerer Zahl erlassen worden, um eine wirtschaftliche und militärische Stärkung der feindlichen Länder durch Lieferung deutscher Erzeugnisse, ein Abfließen von Sparstoffen und in Deutschland dringend gebrauchten Waren sowie Abwanderung deutscher Industriezweige ins Ausland zu verhindern. Diese Ausfuhrverbote mußten mit dem Fortgang des Krieges von Zeit zu Zeit entsprechend den Veränderungen der kriegswirtschaftlichen Verhältnisse abgeändert werden. Um sie in Einklang zu bringen mit den Bedürfnissen der deutschen Industrie und dieser die ohnehin beschränkten Absatzmöglichkeiten tunlichst zu erhalten, bedurfte es für jede Industriegruppe einer unparteiischen Stelle, die einerseits den Behörden mit fachmännischem Rat zur Hand geht und die nötigen Gutachten abgeben kann, andererseits die Bedürfnisse der Industrie zu prüfen und ihre Interessen den Behörden gegenüber zu vertreten, den beteiligten Kreisen Aufklärungen zu erteilen und Auskünfte über die Anwendung der Ausfuhrverbote zu geben hat. Die laufende Hauptarbeit dieser Zentralstellen ist die Bearbeitung der von den Firmen einzureichenden Anträge auf Ausfuhrbewilligung.

Die Zentralstelle für Ausfuhrbewilligungen in der Elektrotechnik wurde in Anlehnung an den Verband Deutscher Elektrotechniker eingerichtet, ihre Leitung als Vertrauensmann des Reichskommissars für Ein- und Ausfuhrbewilligung hat der Generalsekretär; zu seiner Unterstützung war von Anfang an der Oberingenieur des Verbandes V. Zimmermann tätig, der, bei wachsender Inanspruchnahme des Generalsekretärs durch andere Kriegstätigkeit, die Arbeiten der Zentralstelle in steigendem Umfange übernahm und seit einiger Zeit als Vertreter des Vertrauensmannes durchführt. Die Zentralstelle hat bis April 1918 etwa 100 000 Ausfuhranträge bearbeitet, von denen der größte Teil genehmigt werden konnte.

Als das Kriegsministerium im Juli 1915 eine Verteilungsstelle für elektrische Maschinen errichten mußte, trat es an den Verband heran, berief den Generalsekretär als Hilfsreferenten und betraute ihn mit der Bildung der neuen

Abteilung. Von der Verteilungsstelle wurde die Bestandsaufnahme der in Deutschland verfügbaren Maschinen, Transformatoren und der Apparate über 500 A durchgeführt; alle für direkten und indirekten Kriegsbedarf nötigen elektrischen Maschinen und Apparate wurden nachgewiesen. Ferner leitete der Generalsekretär die Ausnutzung der in besetzten Gebieten vorgefundenen elektrischen Maschinen und Transformatoren für die deutsche Industrie in die Wege. In seiner Eigenschaft als Leiter der genannten Verteilungsstelle wurde er außerdem in die Kommission entsandt, welche über die Freigabe von Metallen für indirekten Kriegsbedarf zu entscheiden hat. Die Arbeiten der Verteilungsstelle für elektrische Maschinen sind Anfang 1917 an das Waffen- und Munitionsbeschaffungsamt übergegangen.

Um die Elektrizitätsversorgung Deutschlands entsprechend dem gewaltig gesteigerten Bedarfe zu gewährleisten, wurde durch Verfügung des Kriegsamtes bei der Kriegsrohstoffabteilung im Februar 1917 eine Sektion Elektrizität und im Zusammenhang mit ihr die Elektrizitätswirtschaftsstelle gegründet. Diese hatte die Aufgabe, für die Folgezeit die Leistungsfähigkeit der einzelnen Elektrizitätswerke gemäß den Kriegsbedürfnissen zu sichern; sie bearbeitet im einzelnen alle Erweiterungs- und Instandsetzungsprojekte der Elektrizitätswerke, für welche Freigabe von Baustoffen oder Gegenständen erforderlich ist, und sorgt so für zweckmäßigste Verteilung und Verwendung allen für die Elektrizitätsversorgung Deutschlands erforderlichen Materials. Zu ihrem Leiter wurde der Generalsekretär des Verbandes bestellt, den Vorsitz in ihrem aus Vertretern der Elektrotechnik und der Behörden gebildeten Beirat führt der Vorsitzende des Verbandes.

Die Wirkungsmöglichkeiten der Sektion El und der Elektrizitätswirtschaftsstelle reichten aber nicht aus, um die Elektrizitätsversorgung Deutschlands in jeder Beziehung zu sichern. Der ungehemmte Bedarf an elektrischer Arbeit würde sich erheblich über den Betrag hinaus steigern, der mit den von der Elektrizitätswirtschaftsstelle bearbeiteten Erweiterungen und Neuanlagen von Elektrizitätswerken gedeckt werden kann. Es mußte daher eine behördliche Stelle geschaffen werden, welche befugt ist, den Bedarf selbst zu regeln und zu überwachen, d. h. die verfügbare elektrische Arbeit zu verteilen. — Für diese Tätigkeit wurde im Sommer 1917 durch Bundesratsverordnung zunächst ein besonderer Reichskommissar für Elektrizität und Gas eingesetzt, dessen Stellvertreter der Generalsekretär des Verbandes wurde. Da die Regelung des Verbrauchs elektrischer Arbeit aber aufs engste zusammenhängt mit der Gesamtbewirtschaftung der Kohle, so wurde das Reichskommissariat für Elektrizität und Gas wieder aufgehoben, und seine Befugnisse wurden im Oktober 1917 dem Reichskommissar für die Kohlenverteilung übertragen. Er richtete eine besondere Abteilung „Elektrizität" ein; zu ihrem Leiter wurde wiederum der Generalsekretär des Verbandes G. Dettmar ernannt. Ferner wurde der Ingenieur des Verbandes, Dipl.-Ing. Schlesinger, zur Mitarbeit dahin berufen.

Als das Zivildienstgesetz erlassen wurde, erfolgte vom Verband ein Aufruf zur Meldung. Zahlreiche Herren stellten sich der Geschäftsstelle zur Verfügung. Ein großer Teil konnte in geeigneter Tätigkeit untergebracht werden. Auch war der Verband wiederholt in der Lage, den Militär- und Zivilbehörden zu bestimmten Zwecken geeignete Fachleute nachweisen zu können.

Mit den im Felde stehenden Mitgliedern blieb der Verband, soweit es möglich war, in reger Fühlung. An Mitglieder des Ausschusses und der Kommissionen gingen von Zeit zu Zeit Liebesgaben; Bitten einzelner Truppenteile um Lesestoff wurden erfüllt, wofür dem Verbande von seinen Mitgliedern vielfach Bücher zur Verfügung gestellt wurden.

Eine Anzahl deutscher Elektrotechniker, die im feindlichen Auslande tätig gewesen waren, wurden durch den Krieg gezwungen, ihre Stellungen zu verlassen und nach Deutschland zurückzukehren. Zunächst war es ihnen im allgemeinen nicht möglich, einen Erwerb zu finden, da auch in der Heimat eine große Anzahl Elektrotechniker stellungslos geworden war. Hier mußte so schnell wie möglich Abhilfe geschaffen werden. Ein Stellungsnachweis wurde in die Wege geleitet, der dann gemeinsam mit dem Verein deutscher Ingenieure eingerichtet wurde; bei der Zentralstelle für Ingenieurarbeit übernahm der Verband den die Elektrotechnik betreffenden Teil der Geschäfte.

Da es trotzdem anfangs nicht möglich war, allen eine passende Tätigkeit nachzuweisen, wurden auch finanzielle Unterstützungen nötig. Eine besondere Hilfskasse war noch nicht vorhanden; sie mußte daher für diese Kriegszwecke geschaffen werden. Durch einen Aufruf an die Mitglieder des Verbandes wurden zunächst 35 000 Mark aufgebracht, eine durch die lange Dauer des Krieges neuerdings erforderlich gewordene zweite Sammlung brachte bisher 16 000 Mark. So war man in der Lage, alle berechtigten Anforderungen zu erfüllen und die Geschädigten so lange zu unterstützen, bis wieder eine Erwerbsmöglichkeit für sie vorlag. Diese trat infolge der günstigen wirtschaftlichen Entwicklung, welche nach den ersten Kriegsmonaten überall einsetzte, vielfach ein, so daß die Hilfskasse von erwerbsfähigen Elektroingenieuren nach einiger Zeit wenig mehr in Anspruch genommen wurde. Sie hat aber um so mehr Gelegenheit zu Unterstützungen von Angehörigen derjenigen im Felde stehenden Fachgenossen, welche keiner Firma angehören und die daher außer der staatlichen Unterstützung keinerlei Beihilfe erhalten.

An den Kriegsanleihen beteiligte sich der Verband unter Mitwirkung seiner Vereine in weitestgehendem Maße. Es wurden gezeichnet:

1. Kriegsanleihe		75 000	Mark
2.	,,	100 000	,,
3.	,,	100 000	,,
4.	,,	50 000	,,
5.	,,	100 000	,,
6.	,,	100 000	,,
7.	,,	75 000	,,
8.	,,	75 000	,,

G. Dettmar

Generalsekretär seit 1905